中等职业技术学校农林牧渔类

种植专业教材

# 土壤与肥料

人力资源和社会保障部教材办公室 组织编写

杨志影 主编

中国劳动社会保障出版社

**图书在版编目(CIP)数据**

土壤与肥料/杨志影主编. —北京：中国劳动社会保障出版社，2011
中等职业技术学校农林牧渔类——种植专业教材
ISBN 978 - 7 - 5045 - 9207 - 1

Ⅰ.①土… Ⅱ.①杨… Ⅲ.①土壤学-基本知识②肥料学-基本知识 Ⅳ.①S15②S14

中国版本图书馆 CIP 数据核字(2011)第 166225 号

中国劳动社会保障出版社出版发行
（北京市惠新东街1号 邮政编码：100029）
出版人：张梦欣
*
北京市艺辉印刷有限公司印刷装订 新华书店经销
787毫米×1092毫米 16开本 10.5印张 214千字
2011年8月第1版 2023年10月第12次印刷
定价：18.00元

营销中心电话：400-606-6496
出版社网址：http://www.class.com.cn
http://jg.class.com.cn

# 前 言

为深入贯彻落实《国家中长期人才发展和规划纲要（2010—2020年）》和《国家中长期教育改革和发展规划纲要（2010—2020年）》精神，适应建设社会主义新农村、加快发展现代农业的需要，加大培养适应农业和农村发展需要的专业人才力度，人力资源和社会保障部教材办公室组织了一批教学经验丰富、实践能力强的教师与行业专家，在充分调研、讨论专业设置和课程教学方案的基础上，编写了农林牧渔类相关专业系列教材，共涉及种植、养殖、农机使用与维修、农村经济管理、农村能源开发与利用等专业，将于2011—2012年陆续出版。

本套教材具有以下特点：

第一，以满足农业生产为主导方向，以培养学生实践能力为基本原则，在合理确定学生应具备的能力结构与知识结构基础上，对教材内容的深度、广度进行了科学设计，并突出了实践性教学内容。

第二，根据农村经济和农业技术发展的趋势，尽可能多地在教材中充实新理念、新知识、新方法和新设备等方面的内容，力求使教材具有鲜明的时代特征，满足新农村建设的需要。

第三，在教材的表现形式上，尽可能多地采用图片、实物照片或表格等将知识点、技能点生动地展示出来，力求给学生创造一个更加直观的认知环境。

本套教材的编写得到了黑龙江省人力资源和社会保障厅以及黑龙江技师学院、黑龙江第二技师学院、哈尔滨技师学院、佳木斯职教集团、哈尔滨劳动技师学院、中国一重技师学院、黑龙江机械制造高级技工学校哈尔滨分校、五大连池技工学校、黑龙江农业职业技术学院、黑龙江农业工程职业学院等一批技工院校和职业院校的大力支持，教材编审人员做了大量的工作，在此，我们表示衷心的感谢！同时，恳切希望广大读者对教材提出宝贵的意见和建议。

**人力资源和社会保障部教材办公室**

2011年7月

## 农林牧渔专业教材编委会



## 本书编审人员

**主　编：** 杨志影
**副主编：** 陈　然　姜占文
**参　编：** 胡茂民　张智杰　宋欣华
**主　审：** 王　臣

# 简　介

土壤和肥料都是重要的农业生产资料。土壤是作物生长的基础物质，与其上生长的作物构成了土壤——作物生态系统。肥料一旦进入这一生态系统，就参与其中，开始了复杂的转化过程。本书着重介绍了土壤的固体组成、土壤矿物质、土壤有机质、土壤耕作性、土壤保肥性与供肥性、土壤中养分的来源及转化、肥料种类及性质、作物必需的营养元素、作物施肥原理、施肥技术以及大田作物和部分蔬菜作物的施肥技术等内容。在论述土壤肥料基础知识的基础上，重点强调了理论的通俗易懂和技能的简单实用。编写时力求简单明了，好学易记，使学生真正掌握现代农业的新知识、新技术。在农业生产中，充分运用这些新知识、新技术，在提高粮食产量，保障我国粮食安全的同时，实现经济效益、社会效益和生态效益相统一。

本书由黑龙江技师学院杨志影担任主编，陈然、姜占文担任副主编，胡茂民、张智杰、宋欣华参与编写。本书由王臣主审。

# 目 录

# 第一章 土　　壤

**学习目标：**

◆ 学习土壤的组成及各组成部分对土壤肥力的意义。

◆ 学习土壤的力学性质及耕性，了解各种力学性质对土壤耕性的影响。

◆ 学习土壤保肥性及供肥性，学会如何提高土壤的保肥性和供肥性。

◆ 学习土壤中各种养分的含量及循环转化过程。

◆ 学习土壤中各种元素的有效性对作物的意义。

## 第一节 土壤的概念及组成

### 一、土壤的概念及重要作用

#### 1. 土壤的概念

对土壤最直观的认识是分布在地球表面并生长着植物。黄昌勇教授在他主编的《土壤学》中的总结与其他土壤学家和农学家对土壤这一概念有着不同的认识，他将土壤概括为“发育于地球陆地表面能生长绿色植物的疏松多孔的结构表层”。由此可见，土壤的主要特征是分布在陆地表面、具有疏松多孔的结构，能生长多种多样的绿色植物。

#### 2. 土壤的重要作用

（1）土壤是最重要的农业生产资料。在农业生产中，无论是种植业还是养殖业都离不开土壤。农作物在土壤中扎根，从土壤中吸收养分和水分，进行生长和繁殖；草食动物在土地上生长，以植物为食物。这些都说明土壤是农业生产的基础。

（2）土壤是构成陆地自然环境的重要组分。地球表面 2/3 是海洋，1/3 是陆地。陆地表面无论是高原丘陵还是平原山谷都覆盖着土壤。这些土壤是岩石经风吹、日晒、雨淋风化后，在气候、生物、地形和时间等因素的综合作用下形成的。

（3）土壤是自然界赋予人类的珍贵资源。陆地的面积是有限的，土壤资源又不能再生，因此土壤对人类来说十分珍贵。在有限的土地上要养活近 60 亿人口，就要求人们在进行工业生产时要少占用耕地，而且在农业生产中还要保持和提高土壤肥力，以提高土地的生产力，满足人类生活的需要。

### 五色土

在我国幅员辽阔的土地上，分布着多种不同颜色的土壤：在黑龙江省和吉林省中部分布着大面积的黑土；在贵州省、四川省、云南省等地分布着黄壤；在辽东和山东半岛有棕壤；在江西省、福建省、湖南省等地分布着红壤；紫色土则集中分布在四川盆地。

## 二、土壤的组成

简单地说，土壤是由固体部分、液体部分和气体部分三部分组成的。其中，固体部分约占土壤的50%，主要由土壤矿物质和有机质组成；土壤的液体部分和气体部分约占土壤的50%，占据着土壤孔隙。土壤的液体部分确切地说应该叫做土壤溶液，因为在土壤水中溶解了气体和盐类等许多溶质。土壤溶液影响土壤的理化性质，影响物质在土壤中的运动和农作物对养分的吸收，因此，人们很早就开始对土壤水进行了研究。同时，土壤的液体部分和气体部分之间存在着动态平衡。干旱时，土壤水分减少，土壤气体大量充斥着土壤孔隙；雨水过后，土壤水分大量占据着土壤孔隙，土壤气体被压缩。因为进行土壤液体和气体部分的研究需要具备一定的专业知识，所以本书不做探讨。下面主要讲解土壤固体组成部分。

### 1. 土壤矿物质

土壤矿物质是土壤的重要组成部分，是土壤的骨架，占土壤固体部分的95%～98%，主要是地壳岩石风化的产物。土壤矿物质的存在形式——土壤颗粒，其主要成分含有氧、硅、铝、铁、钙、镁、钠、钾、钛、碳10种元素，其中，氧化硅、氧化铝、氧化铁占土壤矿物质的75%。土壤颗粒的大小不仅影响着土壤的物理、化学和生物学性质，还影响着土壤肥力。中国科学家根据土壤颗粒大小将土壤分为三大类：砂土类、壤土类和黏土类。各类土壤的肥力特点见表1—1。

表1—1　　不同质地土壤的肥力特点

| 土壤类别 | 特点 | 适种作物 | 改土方法 |
|---|---|---|---|
| 砂土 | 土壤颗粒大，土粒间孔隙大，养分含量低，通气透水性好，不耐干旱，施肥后养分转化快，易随水流失，耕性好，土壤升温快、宜耕期长、降温也快 | 西瓜、<br>甘薯、<br>花生等 | 增施有机肥<br>种植绿肥<br>向土壤中掺泥炭 |
| 壤土 | 土壤颗粒大小居于砂土和黏土之间，土粒间孔隙有大有小，养分含量较高，通气透水性比较好，保肥保水性比较好，土壤温度又相对稳定，耕性优于黏土，宜耕期长 | 各种作物 | |

续表

| 土壤类别 | 特 点 | 适种作物 | 改土方法 |
|---|---|---|---|
| 黏土 | 土壤颗粒小，土粒间孔隙也很小，养分含量高，通气透水差，保肥保水能力强，耐旱耐涝，土壤升温慢、降温也慢，耕性差，宜耕期短 | 玉米、水稻 | 增施有机肥<br>向土壤中掺砂 |

### 2. 土壤有机质

（1）土壤有机质的概念。在土壤的固体组成中，95%～98%是土壤矿物质，其余2%～5%是土壤有机质。土壤有机质是指土壤中含碳的有机物，包括土壤中的动物残体、植物残体和土壤微生物等。土壤有机质含量是土壤肥力的重要指标。

（2）土壤有机质含量。不同的土壤类型，有机质含量相差很大，如泥炭土有机质含量可高达300 g/kg左右，砂土的有机质含量有的甚至低于5 g/kg。农田土壤有机质含量通常在50 g/kg以下，以东北黑土有机质含量为最高，并由北向南逐渐递减。

（3）土壤有机质来源及组成。土壤有机质最初来源于土壤微生物，其后则来源于土壤动物、植物残体；耕作土壤的有机质则主要来源于土壤动物残体，作物残茬，掉落的叶片、花、果实、种子等，以及还田的秸秆和有机肥等。

虽然土壤有机质来源复杂，但其化学成分主要有碳、氢、氧、氮、磷、硫、钾、钙、镁、铜、铁、锰、锌、硼、钼等。这些营养元素在动、植物体内以蛋白质、脂肪、糖、木质素、纤维素、半纤维素等有机化合物的形式存在，构成了动、植物的各种器官。

（4）土壤有机质的作用。土壤有机质含量是衡量土壤肥力的一项重要指标，它在土壤肥力和生态环境中起着十分重要的作用。

1）为农作物提供多种养分。土壤有机质在微生物的作用下分解，可以释放出氮、磷、钾、钙、镁、硫、铜、铁、锰、锌、硼、钼等多种养分，满足作物生长发育的需要。

2）改善土壤的理化性质。土壤有机质能够促进土壤团粒结构的形成，有利于改善土壤的通气性、透水性，改善植物根系的生长环境及土壤的耕性，延长宜耕期，提高土壤耕作质量。同时，由于土壤有机质带有正、负两种电荷，可以吸附各种营养元素的离子，因此能够增加土壤的代换性能，从而提高土壤的保肥保水能力。

3）土壤有机质可以为土壤微生物提供养分和能量，提高土壤微生物的生命活动，从而增加土壤酶的活性，促进土壤中养分的转化。

4）缓冲环境变化对作物的影响。土壤有机质带有大量正、负电荷，可以吸附进入土壤中的重金属离子、农药等污染物，并通过土壤微生物对其进行代谢、分解、转化等，从而缓解土壤温度、酸碱度等变化对农作物的影响。

### 珍贵的土壤

据统计，我国人均耕地面积0.13公顷，不到世界人均的1/3；人均林地面积0.11

公顷，不到世界人均的 1/9；人均草地面积 0.28 公顷，不到世界人均的 1/2。所以说，土壤是大自然赐予人类的珍贵资源。

（5）影响土壤有机质合成和转化的因素。影响土壤有机质合成和转化的因素很多。首先，土壤的温度、通气状况、水分含量都影响土壤有机质的合成和转化。当土壤温度和含水量适中时，土壤微生物活动最强，土壤有机质分解加快，养分释放速度加快；土壤温度和含水量不适宜时，土壤有机质分解减弱，养分释放速度减慢。在通气性好的土壤中，氧气量能满足微生物活动的需要，有利于有机质分解；反之，在通气性不好的土壤中，氧气量不能满足微生物活动的需要，则有利于土壤有机质的合成和积累。其次，土壤的酸碱度也影响土壤有机质的合成和转化。当土壤酸碱度接近中性时，土壤微生物活动旺盛，有利于有机质的分解和养分的释放；当土壤酸碱度偏酸或偏碱时，土壤微生物活动受到影响，减少了有机质的分解和养分的释放。再者，进入土壤中的植物残体的 $C/N$ 也影响着土壤有机质的合成和转化。当$C/N>25$时，有机质分解缓慢，微生物需要从土壤中吸收氮素以满足生命活动的需要；当 $C/N=25$ 时，有机质分解释放的氮素正好满足微生物生命活动需要，这时既不从土壤中吸收氮素，也不向土壤中释放氮素；当 $C/N<25$ 时，有机质分解加快，向土壤中释放的氮素增多。因此，在秸秆还田或施用有机质肥时，一定要考虑 $C/N$，如果 $C/N>25$ 就要增加速效氮的含量，满足微生物生命活动的需要，避免因微生物与农作物争氮而影响产量。

## 蚯蚓的作用

蚯蚓俗称曲鳝，一般以土壤中的动植物碎屑为食。蚯蚓在土壤中钻洞穿行，可以起到对土壤耕耘和搅拌的作用，促进土壤团粒结构的形成，使土壤变得疏松多孔，增加土壤的通气透水性，提高土壤肥力。蚯蚓的粪便中含有氮、磷、钾等多种元素，可以为农作物提供优质有机肥。蚯蚓还可以吞食和分解土壤中的有机废物，消除环境污染。

蚯蚓在有机质含量高的土壤中生长良好，在通气性差的黏土中生长受到抑制。

### 3. 土壤生物

（1）土壤生物的种类。土壤中存在着多种多样的生物，如土壤动物有：线虫、蚯蚓、蜗牛、千足虫、蜈蚣、蚂蚁、蜘蛛和各种昆虫等；土壤微生物有：细菌、放线菌、蓝细菌、真菌、藻类、地衣等。土壤植物一般是指土壤中的植物根系和块根、块茎等。土壤生物是土壤中具有生命特征的组分，是土壤有机质的一部分，影响土壤中物质和能量的转化与循环，并通过影响土壤的理化性质来影响作物的生长发育。

（2）影响土壤生物活性的因素。土壤温度、土壤水分、土壤酸碱度、土壤通气状况及土壤的耕作栽培措施等许多因素影响土壤生物活性。

1）土壤温度。影响土壤微生物活性的最重要的外界因素是温度。土壤微生物只有在温度适宜的条件下才能生存，高于或低于适宜温度，都会停止生长或死亡。

2）土壤水分。任何生物的生命活动都离不开水，土壤微生物也一样。

3）土壤酸碱度。土壤的酸碱度决定着土壤微生物的种类及数量。大多数土壤微生物都喜欢近中性的土壤，土壤过酸或过碱都会导致微生物生命活动减弱甚至死亡。

4）土壤通气状况。通气性好的土壤中好氧性微生物占优势，淹水及覆盖秸秆的土壤通气性差，厌氧性微生物较丰富。

### 客居的土壤微生物

土壤中的微生物也分为土著和客居两种。客居的土壤微生物是指随污水、人畜粪便等进入土壤并在土壤中生活的微生物；土著的土壤微生物就是长期生活在土壤中的微生物。

5）土壤的耕作栽培措施。常规耕作会减少土壤表层微生物的数量和活性，免耕则会使土壤表层微生物的数量和活性增加。使用杀虫剂和熏蒸剂等会破坏土壤微生物，除草剂和叶面杀虫剂一般对土壤微生物影响不大。

（3）土壤酶。在土壤中存在着氧化酶、过氧化氢酶、蛋白酶等多种酶。这些酶主要来自土壤动物、植物和微生物，是土壤生物活性的指标。土壤酶能促进土壤有机质的合成和转化，能够影响碳、氮、磷等元素的循环和转化，能够催化分解进入土壤的各种污染物质，在消除土壤污染和稳定土壤理化性质方面起着积极、重要的作用。

土壤中酶的种类繁多，它们的活性受到土壤的理化性质及耕作栽培措施的影响。一般来说，黏土的土壤酶活性强于壤土和砂土；在一定范围内，土壤温度升高，土壤酶的活性就增强；施用化肥和有机肥可以提高土壤酶的活性；免耕和轮作可以增强土壤酶的活性；进入土壤的重金属污染物则会降低土壤酶的活性，甚至使土壤酶失活。

土壤中的很多微生物还能合成植物激素，调节植物生长；还能产生植物毒素，抑制植物生长；也能合成和分泌维生素和氨基酸，为植物提供营养；产生多糖，保护植物根系不受损伤。

## 第二节　土壤的力学性质和耕性

土壤耕作一方面可以打破土壤的层次，改变土壤的结构；另一方面可以把土壤表层的草籽、草根、作物残茬和有机肥等翻入下层，以达到施肥和控制杂草的目的。但不同的土壤有的耕翻时省时省力，有的则费时耗力，这是由土壤的结持性、胀缩性、土壤阻力等力学性质的不同导致的，下面分别论述。

## 一、土壤的结持性

土壤结持性是指在一定含水量及外力作用条件下，土壤颗粒表现出来的性质，包括：土壤黏结性、土壤黏着性和土壤塑性三个方面。

### 1. 土壤黏结性

土壤黏结性是指土壤颗粒相互黏在一起的特性。这一性质使其可以抵抗外力的破坏，在耕作时产生阻力。土壤含水量、土壤有机质含量、土壤质地等因素影响着土壤黏结性。砂土土壤孔隙大、土壤有机质含量低、保水性差，所以砂土的黏结性就低。黏土土壤孔隙小、土壤有机质含量高，保水性好，所以黏土的黏结性就高。

### 2. 土壤黏着性

土壤黏着性是指土壤黏在外来物上的特性。土壤达到一定含水量时先表现出黏结性，当土壤含水量高于出现黏结性时的含水量，又没超出一定范围时，土壤才表现出黏着性。这时土壤容易黏附在农具上，使耕作阻力增大。

### 3. 土壤塑性

土壤塑性是指土壤在外力的作用下呈现各种形状，当外力消除后仍然保持这种形状的特性。土壤不是在任何时候都能表现出塑性的，如干燥的土壤就表现不出塑性；水分过多，土壤又会呈现泥浆状态，也表现不出塑性；只有当土壤含水量适中时才表现出塑性。当土壤表现出塑性时，耕作阻力增大，不适宜耕作。

### 土壤的物理性质与力学性质

土壤的性质还包括土壤物理性质和土壤力学性质。土壤物理性质是指土壤机械组成、土壤容重、土壤含水量、土壤孔隙度等。土壤力学性质只是土壤物理性质的一个方面，在对土壤进行切削、翻转、破碎和平整等过程中，土壤产生应力应变、结构失效以及被压实等，均与土壤的力学性质有关，而土壤所表现出的种种力学性质主要取决于土壤强度。土壤强度一方面受限于土壤本身的质地和结构，另一方面受限于环境条件，主要是土壤的含水量等。它不仅关系到加工土壤时能耗的多少、质量的优劣，还关系到农机具行走装置的推进力，以及各部件的摩擦磨损和整机的工作效率，对植物根系的生长发育也有直接影响。

## 二、土壤胀缩性

土壤在出现塑性的同时也表现出胀缩性，也就是土壤吸水膨胀，失水收缩的特性。土壤的胀缩性影响土壤的耕作质量，也影响作物根系在土壤中的伸展，当土壤失水后，剧烈收缩，出现很多裂纹，会损伤或撕断植物根系。黏土胀缩性强，砂土无胀缩性。

### 影响土壤胀缩性的因素

影响土壤胀缩性的因素很多：①土壤黏粒（$<0.002$ mm 的土粒）含量越高，胀缩性越强；②胀缩型黏土矿物（蒙脱石、蛭石）含量越高，胀缩性越强；③土壤有机质含量高则胀缩性不明显。

## 三、土壤压实性

土壤由松散变紧实的现象叫做土壤压实性。农机具的挤压、人和动物的踩踏都会引起土壤的压实。土壤压实主要是土壤孔隙的变化有两种情况，一是大孔隙变小，二是总孔隙减少。

土壤压实后，一方面导致土壤通气透水性不好，养分转化变慢，植物的根系难以伸展，植物生长受到抑制；另一方面耕作时更加耗时耗力，降低耕作质量。

为了避免土壤压实，应该在土壤含水量适宜时进行耕作；同时，应该尽量减少田间作业，减少农机具的挤压及人和动物的踩踏。

## 四、土壤的耕性

### 1. 土壤耕性的含义

土壤的耕性，通俗地讲是指土壤在耕作时表现出来的性质，通常用耕作质量、耕作难易、宜耕期来评价土壤的耕性。

（1）耕作难易。耕作难易是评价土壤耕性好坏的重要条件，耕性良好的土壤要求耕作时省时、省工、省力。一般有机质含量高的土壤耕性也好。

（2）耕作质量。耕性良好的土壤，耕作后土体松散、没有大的土块、土壤通气透水性好，有利于农作物生长。

### 土壤耕性的田间判断方法

耕性良好的土壤，土壤表面呈细裂纹，鸡爪状裂纹；土块外干内湿，取一把土在手中捏紧可成团、松开手让土团落下，落地后土团即散开，试耕时会出现犁花。

（3）宜耕期。土壤宜耕期是指土壤耕作时容易、耕作质量好的时期。通常情况下，耕性好的土壤，无论干湿，耕作起来都容易，而且宜耕期长。

### 2. 影响土壤耕性的因素及改良措施

（1）土壤水分含量。土壤含水量不仅影响土壤的黏着性、黏结性、塑性、胀缩性、压实性等，还影响土壤的耕性。只有在适宜含水量范围内，土壤的黏着性、黏结性、胀缩性和压实性都最小，耕起来省时省力，耕作质量好时才适合耕作。

（2）土壤质地。黏土宜耕期短，砂土宜耕期长，壤土的宜耕期在黏土和砂土之间。不同质地的土壤只有在宜耕期内耕作，才能达到事半功倍的效果。向黏土中增施有机肥，可以提高土壤的有机质含量，延长黏土的宜耕期，提高黏土的耕作质量。

## 第三节　土壤的保肥性和供肥性

土壤是一个巨大的养分库，可以为农作物提供丰富的营养，同时，也可以把施入的肥料保存起来，供作物持续吸收利用。

### 一、土壤保肥性

#### 1. 土壤保肥性的概念

土壤吸持和保存养分的能力被称为土壤的保肥性。表现为：肥料在土壤中溶解后，一部分离子被作物吸收，一部分离子被土壤颗粒吸附在表面，还有一部分离子被沉淀在土壤中。土壤之所以能够保存养分，与以下几种机制有关。

（1）截留。截留是指土壤颗粒把在孔隙中运行的养分颗粒等拦截并保存下来的过程。由于土壤的孔隙大小不一，粗细不匀，非常复杂，使得在其中运行的养分颗粒会被土粒阻挡拦截，保存下来。这种保存养分的方式只对不溶于水的养分起作用，而对水溶性养分不起作用。

（2）吸附。土壤是一个多孔体，其表面有表面能和电荷，可以吸附阴阳离子、气体、液体等，称为土壤的吸附性能。土壤的吸附可分物理吸附和化学吸附两种。

物理吸附是指进入土壤中的有机化合物被外力黏附在土壤颗粒表面的过程。一般情况下，被吸附在土壤颗粒表面后，可以减少养分损失，防止养分挥发或随水流出土体。物理吸附不会改变养分的有效性，有利于作物根系对养分的选择吸收。

化学吸附是指进入土壤溶液中的物质与土壤溶液中的物质发生化学反应，生成难溶化合物沉淀到土壤中的过程。化学吸附会降低养分的有效性，不利于作物对养分的吸收。

（3）吸收。主要是生物吸收，指土壤中的生物（土壤动物、植物、微生物）把土壤中的养分吸收、转化为自身组成的一部分的过程。生物吸收是有选择性的，每种生物都只选择适合并能满足自身需要的元素。生物吸收可以使土壤下层的养分向土壤耕层聚集，使土壤耕层养分含量明显高于下层。被生物吸收的养分只是暂时失去有效性，当生物死亡后，其残体留在土壤中，又会将养分释放出来，进入下一循环，从而减少养分的损失。

#### 2. 提高土壤的保肥性

在农业生产中，可以通过增施有机肥、施用改土材料等措施来改善土壤的质地，增加土壤有机质含量，改变土壤的 pH 值等来提高土壤的保肥性。

### 土壤胶体

土壤具有保肥性和供肥性主要是由于土壤中存在着土壤胶体。土壤胶体是指土壤中直径小于0.001 mm的土壤固体颗粒。土壤胶体可分为三种类型：无机胶体、有机胶体、有机无机复合胶体。无机胶体主要包括层状铝硅酸盐黏土矿物（2∶1型和1∶1型等黏土矿物）和含水氧化铁、氧化铝和氧化硅等。有机胶体主要是腐殖质及其各个组分，还有少量的蛋白质、氨基酸、多肽、多糖类化合物。有机胶体很少单独存在，大多与无机胶体通过物理、化学或物理化学的作用紧密结合在一起形成有机无机复合胶体。

土壤胶体由于其颗粒直径小、分散度高、比表面大、表面带有正、负电荷，对土壤溶液中的分子、离子、悬浮颗粒、气体及微生物具有吸收性，因而，直接影响土壤的保肥性和供肥性。

## 二、土壤供肥性

### 1. 土壤供肥性的概念

土壤供肥性是指土壤向作物供给有效养分的能力。土壤供肥性主要取决于土壤中营养元素的浓度、养分的有效性及土壤吸附养分的数量。

### 2. 提高土壤供肥性的措施

要提高土壤的供肥性就要调节土壤保肥性和供肥性的平衡。首先可以通过施用速效性肥料来提高土壤的供肥性，再通过施用有机肥或缓效性肥料来提高土壤的保肥性，提高土壤养分的储备量；也可以通过各种耕作栽培措施来提高土壤养分的有效性，以增强土壤的供肥性能。

# 第四节　土壤肥力

## 一、土壤肥力的概念

土壤最本质的特征是具有肥力。我国多数土壤工作者将土壤肥力的概念总结为“土壤供应和协调植物正常生长发育所需要的养分、水、空气和热的能力”，认为土壤肥力是“土壤物理、化学和生物学性质的综合反应”，是土壤“作为自然资源和农业生产资料的基础”。

土壤肥力按成因可以分为自然肥力和人为肥力。自然肥力是指在气候、生物、母质、地形和时间影响下形成的肥力，主要存在于自然土壤中；人为肥力是指长期人为的耕作、栽培和其他人为措施影响下形成的肥力，主要存在于农田土壤中。

### 土壤肥力与土壤生产力

土壤肥力与土壤生产力是既有联系又有区别的两个不同概念。土壤生产力是由土壤固有的肥力状况和外界环境条件（如气候、日照、地形等）以及人为因素共同决定的。土壤肥力是土壤生产力的基础。土壤生产力是通过地上生长的作物的收获物产量表现出来的。但肥力高的土壤不一定生产力就高，像东北的黑土，土壤有机质含量很高，土壤的肥力状况好，但因气候寒冷，无霜期短，土壤肥力因素不能充分发挥，其生产力并没有南方肥力低的红壤高。

## 二、土壤肥力因子的相互关系

土壤肥力因子简单地说就是水、肥、气、热四种主要因子，是植物生长发育所必需的。

**1. 土壤肥力因子是必需而不可替代的**

对于植物来说，从土壤中吸收全部的养分和水分、部分的空气和热量；其余的空气和热量需要从大气当中获得。这些因素在植物的生长发育过程中是同等重要的。同时，水、肥、气、热缺一不可，其中任何一种因子都不能用其他的因子来替代。

**2. 土壤肥力因子具有可调性**

在作物生长过程中，为了应对环境不利因素，会产生一系列的应激反应和变化，来抵抗外界因素对自身生长发育造成的不良影响；环境因子也会因作物的适应性变化而有所变化，会保持在适宜植物生长的水平。当然，这需要技术措施与土壤自身调节能力的共同作用。

**3. 土壤肥力因子互相限制**

当土壤中一种肥力因子的水平不适应作物生长发育时，就会限制其余因子发挥作用。比如当土壤养分供应不足时，即使空气、热量、水分等其余因子的水平再高也难以获得高产。也就是说各肥力因子之间相互制约。

### 土壤肥力的评价指标

常用的土壤肥力评价指标有：

1. 土壤酸碱度：用“pH”表示，大多数作物的适宜 pH 值为 6.5～7.5。

2. 土壤有机质：有机质含量高的土壤供肥能力大。通常情况下，农田土壤有机质含量为 1%～5%。

3. 土壤全氮：表示土壤供氮能力，通常土壤全氮量为 0.01%～0.1%。

4. 土壤有效磷：表示土壤供磷能力，土壤有效磷含量低于 5 mg/kg 为严重缺磷；

土壤有效磷含量为 5～15 mg/kg 的属中度缺磷；土壤有效磷含量为 15～30 mg/kg 的属中等。

5. 土壤孔隙度：土壤孔隙是指土粒间的距离，表示土壤的渗水透气能力。一般旱地和水田孔隙都能达到55%～60%。孔隙度过大或过小，都会影响土壤的保水和通气性能，使根系生长发育不良。

## 三、影响土壤肥力的因素

土壤中有许多因素直接或间接地影响土壤肥力的某一方面或所有方面，这些因素可以归纳如下。

### 1. 养分因素

土壤养分因素是指土壤中养分的储量和有效性，主要取决于土壤矿物质和有机质的数量及组成。我国一般农田土壤的养分含量为：全氮 0.2～5 g/kg、全磷 0.1～1.5 g/kg、全钾 2.5～27 g/kg。但这些养分是否能全部被农作物吸收利用，取决于这些养分在土壤溶液中的浓度和养分元素在土壤固体中的数量等因素。当土壤养分浓度高时，养分的有效性就高，被作物吸收后，能够迅速得到补充，这样才能满足作物整个生育期的需要。被作物实际吸收的养分数量，还受作物根系表面获得土壤养分方式的影响。

### 2. 物理因素

通常情况下，无论是砂土还是黏土、土壤的孔隙大小、土壤水分及温度都会影响土壤的肥力。它们通过影响土壤的通气状况和土壤中氧气含量等来影响土壤中养分的转化、土壤水分以及作物的根系等，对肥力因子的各个方面均有影响。

### 土壤动物与土壤肥力

土壤有机质腐烂分解可以提高土壤肥力，这一过程主要靠土壤微生物来完成。土壤动物中的蚯蚓对改善土壤结构、提高土壤肥力有重要作用，但其他土壤动物如老鼠、蟋蟀、蚱蜢等并不能改善土壤结构、更不能提高土壤肥力。

### 3. 化学因素

化学因素主要是指土壤的酸碱度、土壤颗粒对离子的吸附、土壤中盐分及其他有毒物质的含量等。它们直接影响作物的生长发育和土壤养分状况。当土壤酸碱度接近中性时，土壤中磷的有效性最高；当土壤酸碱度呈酸性时，铜、铁、锰、锌、硼的有效性升高，但钼的有效性降低；当土壤酸碱度呈碱性时，钼的有效性升高，其他离子的有效性降低。

土壤中离子有效性升高或降低会导致土壤中该离子的过量或缺乏，从而直接影响土壤肥力。

#### 4. 生物因素

生物因素主要是指土壤中的微生物。前面已经讲过，土壤微生物会影响土壤有机质的合成与分解，影响养分的释放和转化，提高土壤的保肥保水性能，并进一步影响土壤的肥力状况。

### 四、土壤肥力的保持与提高

土壤肥力的状况是处在不断运动变化中的，无论土壤肥力变好还是变坏，均受到自然条件以及人类农业生产活动的影响。如果人类违背自然规律，进行掠夺式经营，只索取不投入，那么土壤的状况就会恶化，土壤的肥力也会下降，长此下去，必然会造成土壤肥力的丧失。只有坚持用地和养地相结合、防止肥力下降与土壤治理相结合，才能保持和提高土壤的肥力水平。具体措施包括：增施有机肥料、种植绿肥、合理施用化肥，这样不仅有利于当季作物的生产，而且有利于保持和提高土壤肥力。对于盐碱土，可以采取多种措施消除土壤障碍，增加土壤有机质含量，调节土壤的通气透水性来提高土壤肥力。同时，要防止水土流失、防止土壤污染，进行合理规划，进行农业综合开发，保护林地和草场，保持生态系统的动态平衡。

## 第五节　土壤养分

土壤中存在着氮、磷、钾及中、微量元素等多种养分。这些养分可以进行循环和再利用。作物从土壤中吸收养分，又把根茬、秸秆等残体中的养分归还土壤，使微生物分解残体，释放出的养分又被作物吸收利用，进行下一轮循环利用。

### 一、土壤氮素

#### 1. 土壤氮素的含量

土壤氮素的含量由于受很多因素影响，所以差异很大。自然土壤全氮含量在 0.3～7 g/kg之间变化，耕作土壤全氮含量在 1～2 g/kg之间变化。一般以东北黑土的含氮量为最高，由北向南，土壤氮素含量呈高—低—高变化；由东向西，土壤氮素含量则逐渐降低；表土全氮含量高、心土和底土全氮含量低。

影响土壤全氮含量的因素有气候、植物种类、地形、质地及人类的耕作栽培技术等。在土壤温度相同的情况下，土壤湿度增加，土壤氮素含量增加；在土壤湿度相同的情况下，土壤温度增加，土壤氮素含量降低。不同植物种类对氮素的积累有不同影响，如豆科作物的氮素含量比禾本科作物要高。一般情况下，山地北坡土壤氮素含量高于南坡，水田土壤氮素含量高于旱田。

## 土壤氮素的几个概念

全氮：土壤中氮素的总量。

有效氮：包括土壤中的无机氮和速效氮。

速效氮：土壤溶液中的铵、交换性氮和硝态氮，因能直接被作物根系吸收，常称为速效氮。

### 2. 土壤氮素的形态及有效性

土壤中的氮素包括有机态氮和无机态氮两种形态，通常有机氮占土壤氮的95%～99%，是土壤氮的主要存在形式，必须通过土壤微生物的作用转化为无机态氮，才能被作物吸收利用。无机态氮占土壤全氮的1%～5%，可以直接被作物吸收利用。土壤氮素的存在形式及有效性见表1—2。

表1—2　土壤氮素的存在形式及有效性

| 土壤氮素形态 | 存在形式 | 特点 | 有效性 |
|---|---|---|---|
| 有机态氮 | 水溶性有机氮 | 结构简单、易水解 | 有效 |
| | 水解性有机氮 | 在酸、碱或酶作用下可水解 | 部分有效 |
| | 非水解性有机氮 | 结构复杂，不水解 | 无效 |
| 无机态氮 | 铵态氮 | 水田全部是铵态氮 | 有效 |
| | 硝态氮 | 旱田主要是硝态氮 | 有效 |

### 3. 土壤氮素的来源及去向

（1）土壤氮的来源。土壤中的氮共有四个来源：一来自大气，二来自降雨，三来自施肥和灌溉，四来自动植物残体。来自大气的氮主要是通过土壤中的固氮微生物固定，转变为生物氮。有些固氮微生物与农作物共生固氮，可以提供作物生长发育所需全部氮量的40%～60%。来自降雨的氮主要是由于雷电的作用，使大气中的氮被氧化成化合物，这些化合物被雨水溶解后，随着降雨进入到土壤中。向土壤中施用有机肥和化学氮肥可以明显提高土壤的供氮能力，这也成为农田土壤氮的重要来源；进入水体中的氮可以随着灌溉水进入农田土壤中；来自动植物残体的氮大部分是有机氮。

（2）土壤氮的去向。土壤中的氮在土壤中进行着复杂的转化过程，或者被生物吸收，或者再回到大气中，或者进入水体中，其主要去向有以下几种。

## 土壤有机质与土壤全氮

我国从南到北，成土母质复杂，土壤类型众多，并且各类土壤开垦利用情况不同，土壤全氮含量与土壤有机质含量的比值有一定差别。但总的来说，二者的相关性仍显著，土壤有机质一般含氮约5%。因此，可用土壤有机质含量来估计土壤全氮的近似值。

1）有机氮的矿化。土壤中的有机氮必须经过土壤微生物的分解，产生无机的铵态氮和硝态氮，才能被作物吸收利用。有机氮矿化需要多种微生物，如细菌、真菌和放线菌等共同作用才能完成。

2）硝化作用。在旱田通气状况良好时，土壤中氧气含量高，铵态氮或氨在微生物作用下，转化成硝态氮的过程被称为硝化作用。硝化作用的过程会释放出 $H^+$，导致土壤酸化。

3）反硝化作用。当土壤淹水或通气不良时，土壤中的硝态氮在微生物作用下，释放出氮气和一氧化氮、二氧化氮的过程被称为反硝化作用。反硝化作用会造成土壤氮素损失。土壤中硝态氮的含量、土壤通气性好坏、土壤酸碱度、温度和湿度等都会影响氮素的损失量。

4）氨挥发。在中性或碱性土壤中，铵态氮会转化成氨气释放出来，造成土壤氮素的损失，这一过程被称为氨挥发。

5）生物固定。有机氮矿化生成的铵态氮和硝态氮被作物吸收利用或者被微生物吸收同化，转化为其自身的一部分，这一过程被称为无机氮的生物固定。无机氮的生物固定一方面可以形成作物的产量，另一方面可以使氮素保存在土壤中，进行下一轮氮素循环。

6）氮的土壤固定。黏土矿物或有机质使土壤中的铵态氮及部分亚硝态氮暂时失去活性，成为其自身组成的一部分的过程被称为氮的土壤固定。

#### 4. 土壤氮素调节

由于氮肥的大量投入，我国农田土壤氮已呈现盈余趋势。这些盈余的氮，一部分会留存在土壤中，增加土壤氮的含量；另一部分则会进入水体中，造成环境污染，或者以气体形式损失，造成肥料浪费。因此，在农业生产中，要采取措施调节土壤氮素平衡，增加土壤氮素储备，减少氮素损失，提高氮素的利用率。

土壤氮素调节首先要加强生物固氮。其次要合理施肥，提高氮肥利用率。再次，要调节土壤有机氮的合成与矿化，既要能满足作物生长发育的需要，又要提高土壤肥力。

（1）加强生物固氮。大气中存在着大量的氮，这些氮虽不能直接被作物利用，但可以通过微生物的固氮作用转移到土壤中，供给作物利用。可以通过种植能与根瘤菌共生的豆科作物，并创造有利于微生物固氮的条件，提高土壤微生物的固氮能力，增加土壤氮的含量。

（2）调节土壤有机氮的合成与矿化。在土壤中的 $C/N>30$ 时，土壤有机质分解释放出的氮远远低于土壤微生物生命活动所需要的氮。这时，微生物会从土壤中吸收氮素，来满足自身生命活动的需要，造成微生物与农作物争氮的状况。当土壤中的 $C/N$ 在 30～15 之间时，土壤有机质分解释放的氮与土壤微生物需要的氮相当。这时，既不向土壤释放氮素，微生物也不从土壤中吸收氮素。当土壤中的 $C/N<15$ 时，土壤有机质分解释放的氮素多于微生物生命活动需要的氮素，土壤的有效氮增加，作物的氮素供应状况得到改善。因此，可以通过调整土壤 $C/N$ 来调节土壤氮的释放与保持，既满足作物营养又提高土壤肥力。

（3）合理施肥。根据土壤养分含量及作物的需肥规律，确定合适的施肥量、施肥比例、施肥时间及施肥方法，提高氮肥利用率，减少土壤氮素损失。

### 成土母质与土壤

成土母质是地球表面岩石风化壳的表层，是指原生基岩经过风化、搬运、堆积等过程于地表形成的一层疏松、最年轻的地质矿物质层，它是形成土壤的物质基础，是土壤的前身。

母质不同于岩石，它已有肥力因素的初步发展，具物质颗粒的分散性，疏松多孔，有一定的吸附作用、透水性和蓄水性，可释放出少量矿质养分，但难以满足植物生长的需要。母质又不同于土壤，其缺乏养分，几乎不含氮、碳，通气性和蓄水性也不能同时得以保证。

## 二、土壤磷素

### 1. 土壤磷素含量

我国土壤含磷量在0.2～1.8 g/kg之间，以东北黑土为最高，以南方的红壤为最低，从北向南、从西向东逐渐减少。

土壤含磷量受土壤母质、土壤形成过程及耕作施肥三方面影响。在岩石风化过程中，磷很少迁移，土壤中磷的含量与母岩风化物中磷的含量有直接关系。在土壤形成过程中，土壤有机质含量增加，则土壤磷的含量也相应增加。施肥水平对土壤磷含量也有一定影响。

### 2. 土壤磷的形态及有效性

土壤中的磷以有机磷和无机磷两种形态存在。有机形态的磷一般占土壤全磷的20%～50%，其余则是无机磷。

(1) 土壤有机磷。土壤有机磷难以被植物吸收利用，必须在磷酸酶的参与下进行矿化后，才能被植物吸收利用。几种主要有机磷化物的形态及特点见表1—3。

(2) 无机磷。土壤中磷的种类很多，多以矿物态、吸附态和水溶态存在，无机磷的主要形态及特点见表1—4。

**表1—3　有机磷化物的形态及特点**

| 有机磷形态 | 占有机磷比例（%） | 特点 |
|---|---|---|
| 植素类 | 20%～50% | 溶于水，随着pH值降低，溶解度增大。需水解后才能被植物利用 |
| 核酸类 | 5%～10% | 含氮、磷的复杂化合物，需分解后才能被植物利用 |
| 磷脂类 | 1% | 不溶于水，溶于乙醇或醚。需分解后才能被植物利用 |
| 其他类 | 20%～30% | 尚不清楚 |

表 1—4　无机磷的主要形态及特点

| 无机磷形态 | 主要形态 | 特点 |
| --- | --- | --- |
| 矿物态磷 (Ca—P) (Fe—P、Al—P) | 磷酸钙盐、磷酸铝盐、磷酸铁盐 | 主要存在于碱性土壤中，分子组成中 Ca/P 越大，有效性越低<br>主要存在于酸性土壤中，溶解度极小，有效性很低 |
| 闭蓄态磷 (O—P) | 被氧化铁或氢氧化铁胶膜包着的磷酸盐 | 溶解度极小，有效性极低 |
| 吸附态磷 | 被吸附在土粒表面的磷 | 解吸后对植物有效 |
| 水溶性磷 | 可以溶于水的磷酸盐 | 有效 |

### 3. 土壤中磷的来源及去向

（1）土壤中磷的来源。土壤中磷的一部分来自母质，一部分来自动植物残体，还有一部分来自灌溉和施肥。在土壤发育之初就有无机磷存在，说明土壤母质是磷的来源之一。当生物出现之后，动植物残体进入土壤中，有了有机物质的积累，土壤中就出现了有机磷。磷肥的当季利用率很低，大部分施入土壤中的磷肥残留在土壤中，一般可达施肥量的80%左右；进入水体的磷也可以随着灌溉水进入农田土壤中，所以，灌溉和施肥也是土壤磷的重要来源。土壤有效磷的评价指标见表 1—5。

表 1—5　土壤有效磷的评价指标　（单位：mg/kg）

| 土壤有效磷的含量 | <5 | 5～10 | >10 |
| --- | --- | --- | --- |
| 等级 | 低 | 中 | 高 |
| 磷肥的增产效果 | 显著 | 有效果 | 不显著 |

土壤有效磷是指土壤中的水溶性磷和吸附态磷，通常是能被当季作物吸收利用的磷。

（2）土壤中磷的去向。土壤中的有机磷可以被微生物分解成为无机磷，无机磷受土壤酸碱度和氧化还原条件的影响，可以被固定和释放。土壤中难溶无机磷转化为可溶性无机磷的过程称为磷的释放，土壤中可溶性无机磷转化为难溶性无机磷的过程称为磷的固定。磷的固定主要有以下几种方式。

1）化学固定。可溶性磷与土壤中的离子结合后沉淀在土壤中，并失去有效性的过程。在酸性土壤中，可溶性磷与铁、铝、锰等离子反应生成沉淀；在中性或碱性土壤中，可溶性磷与钙、镁等离子反应生成沉淀，溶解度逐渐减小，失去了有效性。

2）吸附。分为物理吸附和化学吸附两种。物理吸附是指土壤胶体通过自身所带的电荷将磷酸根吸附在土壤颗粒表面。物理吸附的磷只是暂时失去有效性，可以很好地保存在土壤中，在适宜条件下，可以解吸后被作物吸收利用。化学吸附是土壤中的碳酸钙、铁铝氧化物等与磷酸根进行配位形成共价键，使磷失去有效性。物理吸附不具有专一性，化学吸附具有专一性。

3）闭蓄固定。土壤中的磷被不溶氧化物或钙质包被而失去有效性的过程称为闭蓄固定。

4）生物吸收。生物从土壤中吸收有效磷转化成自身的有机磷化合物，使磷暂时失去有效性。这些生物的残体回到土壤中，又将磷归还给土壤，通过微生物的分解释放出来，供给下一季作物利用。

### 4. 土壤磷素调节

土壤磷素调节的目标是增加土壤中有效磷的含量，减少有效磷的固定和损失。可以通过以下途径来实现。

（1）调节土壤 pH 值。当土壤 pH＝6 时，土壤无机磷固定最少，磷的有效性最高。因此，可以通过向土壤中增施改土材料和淹水等措施，来调节土壤 pH 值，使其接近中性，以提高土壤中磷的有效性。

（2）提高土壤有机质含量。提高土壤有机质含量，可以相应提高土壤中有机磷的含量，还可以降低土壤中钙、铁、铝等离子的活性，减少磷的固定。

（3）减少水土流失。在水土流失严重的地区，土壤中的磷会随着地表径流进入水体中，这样不仅造成了磷的损失，而且又污染了水体。所以，做好水土保持工作，可以减少土壤磷的固定。

（4）合理施用磷肥。磷肥穴施比撒施利用率高，也可以叶面喷施，或者与有机肥混合施用，都可以减少磷的固定，提高磷肥利用率。

## 三、土壤钾素

### 我国土壤钾素的演变

我国土壤钾素肥力的演变经历了一个由不缺乏到缺乏，由南方缺乏到北方缺乏，由经济植物缺乏到禾谷类、果树、蔬菜等植物都缺乏，由高产田缺乏到中产田也缺乏的过程。20 世纪 40 年代，我国氮肥的需要程度为 80％左右，磷肥为 40％左右，钾肥仅为 10％左右。到 20 世纪七八十年代，我国将近有一半的土壤已经或正在出现缺钾和严重缺钾现象。到 20 世纪末，钾肥增产的效果几乎在我国所有的土壤上都能得到证实。

多年来，农业生产中重视氮、磷的投入，忽视钾的投入。实际上，钾对于作物提高抗性和免疫力有着十分重要的作用。

### 1. 土壤钾的含量

我国土壤全钾含量从北向南、从东到西呈逐渐降低的趋势。一般情况下，我国土壤全钾含量在 0.8～33 g/kg 之间。不同地区、不同土壤类型和不同气候条件，土壤全钾含量相差很大。如西北黄土土壤全钾含量在 15 g/kg 左右，华北平原土壤全钾含量在 18 g/kg 左右，海南省土壤全钾含量在0.8 g/kg左右。

影响土壤中钾含量的因素很多，成土母质、气候、土壤质地、农业措施等都会影响土壤中钾的含量。成土母质中的矿物是高钾矿物，如长石或云母等，土壤钾含量就高；反之，土壤钾含量就低。气候以及不同气候条件下生长的植物影响土壤中钾的淋溶，造成土壤中钾含量差异很大。土壤颗粒的大小也影响着土壤中钾的含量，一般情况下，钾主要集中在黏粒中，黏粒多的黏土和壤土中钾含量多于黏粒少的砂土。人类的耕作栽培措施也直接影响着土壤钾的含量，施钾水平高、采用秸秆还田技术等都可以明显增加土壤中钾的含量。

**2. 土壤中钾的形态及有效性**

土壤中的钾按其对作物的有效程度，可分为无效钾、缓效钾和速效钾。其三者之间存在着动态平衡，如图1—1所示。

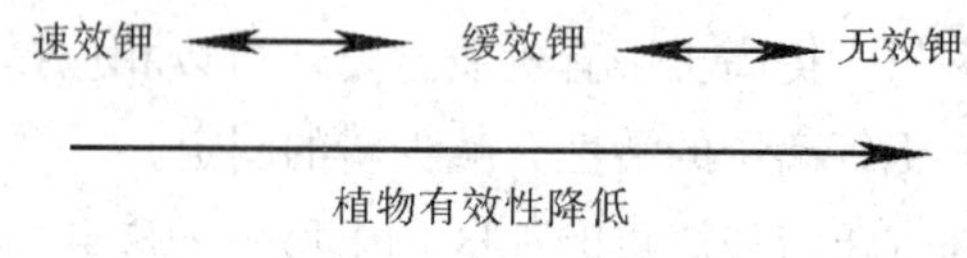


图1—1　无效钾、缓效钾和速效钾的动态平衡

(1) 无效钾。也叫矿物态钾，是指存在于土壤原生矿物和次生矿物晶格中的钾，是土壤原生矿物的结构元素。这部分钾占土壤全钾的95%～98%，通常在土壤中以难溶状态存在，不能被作物吸收利用，只有在矿物风化后，这部分钾释放出来才能被作物吸收。

(2) 缓效钾。是指存在于土壤矿物层间或晶格间的钾。我国土壤缓效钾含量一般在40～1 400 mg/kg之间，占土壤全钾的1%～10%。土壤缓效钾是土壤潜在供钾能力的指标，当土壤速效钾不能满足作物生长发育的需要时，缓效钾会从矿物层间或晶格间释放出来，供作物吸收利用。

(3) 速效钾。包括土壤中的水溶性钾和交换性钾，是指土壤溶液中或土壤胶体表面吸附的钾离子。土壤中的速效钾一般为几十到几百毫克/千克，只占土壤全钾的1%左右。速效钾可以被当季作物吸收利用，通常可以用土壤速效钾来衡量土壤钾的供应状况。土壤速效钾的诊断指标见表1—6。

**表1—6　土壤速效钾的诊断指标**　（单位：mg/kg）

| 土壤速效钾的含量 | ＜50 | 51～83 | 84～116 | ＞116 |
| --- | --- | --- | --- | --- |
| 等级 | 极低 | 低 | 中 | 高 |
| 钾肥对棉花的增产效果 | 显著低 | 显著低 | 有效果低 | 不显著 |

1) 土壤速效钾的含量受施肥、温度、水分、作物等许多因素影响，因此，不同时期采集的土壤样品难以严格比对。

2) 只依靠速效钾是不够的，还应该考虑缓效钾。当两个土壤速效钾含量相近，而缓效钾含量不同时，缓效钾含量高的土壤，钾肥往往效果不显著。

3) 速效性养分的测定值仅是供相互比较的相对值，无绝对含量的意义。

3. 土壤钾的来源及去向

(1) 土壤钾的来源。土壤中的钾一部分来自成土母质，一部分来自动植物残体，还有一部分来自施肥。前面已经讲过，土壤原生矿物，尤其是石英、长石、白云母中含有4%～15%的钾，这部分钾经风化作用缓慢释放出来，是土壤钾的重要来源。作物从土壤中吸收钾满足其生长发育的需要，又以残体将吸收的部分钾归还给土壤，比如秸秆还田，会增加土壤钾的积累，这是土壤钾的另一来源。再者，有试验证明，在不断向土壤施用钾肥的情况下，土壤钾素含量可以大幅度地增加。

(2) 土壤钾的去向。土壤中的养分去向有作物吸收、淋失、土壤中残留等几种，钾也不例外。

1) 作物吸收。作物需钾量比氮少，但钾对植物生长发育所起的作用是不可低估的。作物以离子形式从土壤中吸收钾，以一定产量形式从土壤中带走钾。

2) 钾的淋失。钾是比较活泼的阳离子，在某些土壤中，钾会随雨水从土壤表层向深层淋溶而损失。影响钾淋失的因素主要有雨量、土壤质地、土壤利用状况等。在雨量和降雨强度不大时，钾很少淋失。在黏重的土壤中，钾不易淋失；在轻质土壤上，钾的淋失有可能性很大。在裸露的土壤上，钾淋失很大，当有作物覆盖时，钾淋失很少，甚至不淋失。

**土壤钾素的几个概念**

全钾：土壤中含有的全部钾素。

缓效钾：土壤潜在供钾能力的指标，可以释放出来供作物吸收利用。

速效钾：能够被作物根系直接吸收利用的钾。

3) 钾的固定。20世纪初科学家就发现，土壤能够固定钾，也就是说土壤中的速效钾能够转化成缓效钾或无效钾。如果土壤中的速效钾较多，部分速效钾就会进入黏土矿物的晶格间，失去其对作物的有效性。影响土壤固定钾的因素很多，黏土矿物的类型、土壤干湿、其他阳离子存在等都会影响土壤固定钾的能力和固定钾的量。

4. 土壤钾素调节

为了满足作物生长发育的需要，提高土壤供钾能力，在农业生产中应重视施用钾肥，同时应避免钾的淋失和固定。

要提高土壤供钾能力，减少钾的淋失和固定，就应该促进土壤矿物风化释放出钾、促进缓效钾向速效钾转化。这就需要在农业生产中，注意控制水分、及时耕翻、增施有机肥、秸秆还田、合理施用钾肥等。

## 四、土壤中的钙、镁、硫及微量元素

人们很早就有在农田中施用骨粉、石灰、石膏、草木灰等做肥料的习惯，因为这些物质中含有中量元素钙、镁、硫。目前，我国南方一些省在农业生产中仍在使用中量元素肥料。

### 1. 土壤中的钙

（1）土壤中钙的含量。地壳中平均含钙3.25%，土壤全钙含量从微量到4%以上。土壤中钙的含量受母质、气候等因素的影响，差异很大。通常情况下，在高温多雨地区，土壤含钙量较低；在干旱、半干旱地区，土壤含钙量很高，有的甚至高达10%以上。

（2）土壤中钙的形态及有效性。土壤中的钙以有机态的钙、无机的矿物态钙、土壤溶液中的钙、土壤代换性钙四种形态存在。

有机态钙主要存在于动植物残体中，只有当动植物残体分解后才有效。有机态钙一般占土壤钙的0.1%～1%。

矿物态钙必须经风化作用释放出来，才能被作物吸收利用，一般占土壤钙的40%～90%。

土壤溶液中的钙和代换性钙一般占土壤钙的20%～30%，是作物可以直接吸收利用的速效性钙。

#### 石灰的改土作用

中和酸性，消除铝毒。在酸性土壤中施用石灰可以中和土壤中的活性酸和潜在酸，施用石灰生成的氢氧化物可以消除铝毒。

增加土壤有效养分。在酸性土壤中施用石灰常能加强土壤有益微生物的活动，促进了有机质矿化和生物固氮作用，增加了土壤中有效养分的供给。减轻了磷的固定，促进了无机磷的释放。

还可以改善土壤结构，改善作物品质、减少病害。

### 2. 土壤中的镁

（1）土壤中镁的含量。土壤镁含量一般在0.1%～4%左右。受母质、气候、植被和耕作栽培措施影响，土壤中镁的含量变化很大，通常从北向南、从西向东逐渐降低。在南方地区，由于高温高湿，淋溶作用强，土壤含镁量较低；在北方地区，气候干燥寒冷，淋溶作用弱，土壤含镁量较高。

（2）土壤中镁的形态及有效性。土壤中的镁有四种形态，即有机态镁、无机态的矿物镁、水溶态镁、代换性镁；其中有机态镁很少，土壤中的镁主要以后三种形态存在。

有机态镁占1%左右，主要来自施入土壤的有机物。

矿物态镁占全镁的70%～90%，是土壤中镁的主要来源。

水溶态镁和代换性镁是作物可以直接吸收利用的镁，是土壤有效镁，通常受母质、土壤含镁量、土壤酸度等因素的影响。

### 3. 土壤中的硫

（1）土壤中硫的含量。通常土壤含硫量在0.01%～0.5%之间。在我国南方地区，由于雨水较多，土壤淋溶强烈，土壤含硫量较低；在西北干旱地区，土壤含硫较高。

（2）土壤硫的形态及有效性。土壤中的硫以有机硫、无机硫（矿物态硫）、水溶性硫和吸附态硫四种形态存在。在不同地区，不同土壤中，有机硫和无机硫所占比例不同。我国长江以南，以有机硫为主，占土壤全硫的90%左右，无机硫占10%左右；北方和西北地区，则以无机硫为主，占土壤全硫的40%～60%。

有机态硫主要来自动植物残体和有机肥，经过分解后释放出来才能供作物吸收利用。

无机硫（矿物态硫）要经过风化后释放出来，才能被作物利用。

水溶性硫和吸附态硫是作物可以直接利用的有效硫，占土壤全硫的10%左右。

## 石膏的改土作用

石膏能改良碱土，使作物增产。在碱土中施用石膏，可以中和土壤的碳酸钠、重碳酸钠，同时石膏中的钙可以置换胶体中的钠，形成不易分散的钙胶体。硫酸钠易溶于水，可以用灌溉水从耕层中洗去，从而降低土壤的碱性。

### 4. 土壤中的微量元素

土壤中的微量元素主要是指土壤中的铜、铁、锰、锌、硼、钼等，这些元素在土壤中呈地带性分布，与母质和土壤类型有关。

（1）土壤中微量元素的含量。微量元素在土壤中含量极少，通常只有十万分之几到百万分之几。其中，含量最低的是钼，含量最高的是铁。

对于微量元素来说，只有其具有有效形态才有意义。总体看，我国土壤中有效钼含量偏低。西部干旱地区土壤中有效硼含量高，东北湿润地区土壤中有效硼含量低。石灰性土壤或盐碱土中有效锌含量低，酸性土壤中有效锌含量中等。

（2）微量元素的形态及有效性。微量元素在土壤中主要存在方式有水溶态、代换态、矿物态和有机结合态。

水溶态和代换态微量元素在土壤中含量极少，但这两种形态的微量元素对作物的有效性好。

矿物态微量元素是指存在于土壤矿物晶格内的微量元素，这部分微量元素只有在一定的酸碱条件下才能溶解出来，成为有效态微量元素。

有机结合态微量元素是与土壤中的腐殖酸络合在一起的微量元素。只有当腐殖质分解后，这部分微量元素才能释放出来。

影响土壤微量元素有效性的主要因素是土壤的酸碱度。通常情况下，在土壤呈酸性时，铜、铁、锰、锌的溶解度较大，有效性高，有时甚至会造成作物微量元素中毒。在碱性土壤或石灰性土壤中，铜、铁、锰、锌的有效性降低，作物容易缺乏微量元素。如果向土壤中过量施用磷肥，也会使土壤中的铜、铁、锰、锌形成沉淀而降低有效性。

## 思　考　题

1. 土壤有机质的作用是什么?
2. 影响土壤肥力的因素有哪些?
3. 如何提高土壤的供肥性和保肥性?
4. 如何调节土壤中氮、磷、钾的供应能力?

# 第二章　植物的营养成分

**学习目标：**

◆ 通过本章的学习，使学生深入了解氮、磷、钾及中量、微量元素在作物体内的含量及生理功能。

◆ 掌握作物各种缺素症的诊断方法，以便及时补充养分，避免造成作物减产。

## 第一节　植物必需的营养元素

植物从土壤或大气中吸收的大部分为矿物质，只有小部分是简单的可溶性有机物。而这些物质是以不同方式被植物根系或叶片吸收，并通过不同的运输过程被植物转运和利用的。植物体从外界环境中吸取其生长发育所需要的物质并用以维持其生命活动，即称为植物营养。而植物体所需要的元素则称为营养元素。

### 一、植物必需营养元素的概念

植物的组成非常复杂，一般新鲜植物含有75%～95%的水分和5%～25%的干物质。试验证明，组成植物体的主要元素是：碳、氢、氧、氮、磷、钾、钙、镁、硫、铁、锰、锌、铜、钼、硼、氯、硅、钠、硒、铝（C、H、O、N、P、K、Ca、Mg、S、Fe、Mn、Zn、Cu、Mo、B、Cl、Si、Na、Se、Al）等元素。以上各种化学元素在各种植物体内含量不同，而且植物体内所含的这些元素不一定就是它生长所必需的。有些元素可能是偶然被植物吸收的，甚至还能大量积累；反之，有些元素对于植物来说，需要量虽然极少，却都是植物生长所必需的营养元素。

**1. 判断元素是否必需的标准**

国外科学工作者提出了判断高等植物必需营养元素的三条标准，一般都采用这三条标准判断元素是否为作物所必需。

（1）不可缺少。这种化学元素对所有植物的生长发育都是不可缺少的；如果缺少这种元素，植物就不能完成其生命周期，对高等植物来说，即由种子萌发到再结出种子的过程。

(2) 出现特定的症状。缺乏这种元素后，植物会表现出特有的症状，而且其他任何一种化学元素均不能代替该元素作用，只有补充这种元素后症状才能减轻或消失。

(3) 直接营养作用。这种元素必须直接参与植物的新陈代谢，对植物起直接的营养作用，而不是改善环境的间接作用。

符合以上三条标准的元素才能称为植物的必需元素。

## 作物的营养期

作物从种子萌发到最后再形成种子的整个生活周期内，除前期种子营养阶段和后期根部停止吸收养分阶段外，在其他的各生育阶段中都要通过根系从土壤中吸收养分，这整个过程称为作物营养期。

### 2. 植物必需营养元素的种类

现已确定为植物所必需的营养元素有：碳（C）、氢（H）、氧（O）、氮（N）、磷（P）、钾（K）、钙（Ca）、镁（Mg）、硫（S）、铁（Fe）、锰（Mn）、锌（Zn）、铜（Cu）、钼（Mo）、硼（B）、氯（Cl）、镍（Ni），共17种。除这17种元素以外，还有一些元素对特定植物的生长发育有益，或为某些种类植物所必需，如钠是盐土植物盐生草所必需的；硅是水稻所必需的，若水稻缺乏硅元素就不能正常生长；钴是豆科植物共生固氮时所必需的；硒是有毒元素，一般植物都不需要，而对于黄芪和黄芪属的其他品种，硒对它们非但无毒，而且还可以在其体内积累，这类植物称为需硒植物。通常称这些元素为有益元素或准必需元素。

### 3. 植物必需营养元素的来源及分组

虽然所有高等植物都需要上述17种营养元素，但需要量之间差别很大。按其在植物体内含量的多少，一般将这些元素分为大量营养元素、中量营养元素和微量营养元素。大量营养元素包括：碳（C）、氢（H）、氧（O）、氮（N）、磷（P）、钾（K）；中量营养元素包括钙（Ca）、镁（Mg）、硫（S）；微量元素包括：铁（Fe）、锰（Mn）、锌（Zn）、铜（Cu）、钼（Mo）、硼（B）、氯（Cl）和镍（Ni）。

大量元素、中量元素和微量元素之间的界限并不很分明。营养元素在植物体内的含量常受植物种类、年龄以及环境中其他矿质元素含量等因素的影响，特别是环境条件的影响，可使体内各种营养元素的含量发生很大的变化。在植物组织中常出现某些微量元素含量明显超过其生理需要量的情况，如铁、锰的含量能接近植物中硫或镁的含量，这主要是环境条件影响的结果。所以，植物器官中营养元素的含量并不能完全反映植物对这些养分的实际需要量，尤其是一些非必需元素常常是被动吸入植物体内的。

### 植物对营养的吸收方式

植物从土壤中获得养分的方式有三种：截获、质流和扩散。

截获：植物的根向养分接近而获得土壤中养分离子的过程称为截获。

质流：养分随水流迁移到根表的过程称为质流。

扩散：由于根系对养分的吸收，根表养分离子浓度下降，使根表与附近的土体间的养分离子产生浓度梯度，养分由高浓度向低浓度扩散面临迁移到根表的过程称为扩散。

在必需营养元素中，碳和氧来自空气中的二氧化碳；氢和氧可来自水，而其他的必需营养元素几乎全部来自土壤。只有豆科作物有固定空气中氮气的能力，植物的叶片也能吸收一部分气态养分，如二氧化硫等。由此可见，土壤不仅是植物生长的介质，而且也是植物所需矿质养分的主要供给者。实践证明，作物产量水平常常受土壤肥力状况的影响，尤其是土壤中有效态养分的含量对产量的影响更为显著。

## 二、各种营养元素的主要营养作用

### 1. 碳、氢、氧

碳、氢、氧是作物有机体的主要组成成分。三者的总量占作物干重的95%，这足以说明它们是作物有机体的基础。碳、氢、氧三者以不同的方式组合起来可形成多种多样的碳水化合物，如纤维素、半纤维素和果胶质等，它们是细胞壁的组成物质，而细胞壁是支撑植物体的骨架。碳、氢、氧也可以构成作物体内多种生物活性物质，直接参与体内代谢活动，也是植物正常生长所必需的。碳、氢、氧还可以构成糖、脂肪等化合物，作为植物体内许多重要化合物的基本原料，或在代谢过程中释放出能量，供植物利用。

### 作物养分临界期

作物在生长发育的某一时期，对养分的要求虽然在绝对数量上并不多，但要求很迫切，这时如果缺乏某种养分，就会明显抑制作物的生长发育，产量也会受到严重影响。此时造成的损失，即使以后补施该种养分，也很难弥补。这个时期称为作物养分临界期。

### 2. 氮、磷、硫

植物体内与生命活动有关的物质中，最主要的是含有氮、磷和硫的蛋白质和核酸。它们参与的反应是作物新陈代谢的基本过程。

### 3. 钾、钙、镁

钾、钙、镁是金属元素，它们的含量在植物体内远远低于碳、氢、氧，甚至比氮还少，但它们对植物生长发育所起的作用是不可低估的。它们以离子形态被作物吸收，作为酶的活化剂，使酶处于最佳状态，以提高酶的活性。

### 4. 微量元素

虽然作物对微量元素的需要量很少，但它们在植物营养方面的作用，与大量元素相比却毫不逊色，缺少任何一种微量元素都有可能对作物产生不利影响。

## 三、养分离子间的相互作用

### 1. 拮抗作用

将植物培养在单盐溶液中时，即使是植物必需的营养元素，植物仍然会受到毒害而死亡。例如，将植物培养在单一的氯化钾溶液中，植物将迅速积累钾离子达到毒害水平而死亡；但如果在溶液中有微量的钙离子存在，则钾离子的吸收量就会显著减少且不致发生毒害作用。如果用单一的钙盐溶液培养植物，也会产生毒害作用，但溶液中若同时存在钙离子与钾离子，则可消除这种毒害现象。这种离子间相互消除毒害的现象称为离子的拮抗作用（又称对抗作用）。

通常情况下，在元素周期表中不同族的离子之间存在拮抗作用，而同族的离子间不会发生拮抗作用，例如钾离子与钠离子之间，以及钙离子与钡离子之间都没有拮抗作用。

#### 作物营养最大效率期

作物生长发育过程中有一个时期，作物对养分的要求，无论是在绝对数量上还是在吸收速率上都是最高的。此时使用肥料作用最好，增产率也最为显著，这一时期就称为作物营养最大效率期。

### 2. 协同作用

一种离子的存在影响另一种离子的有效性，有的表现为促进作用，即一种离子的存在促进另一种离子的吸收利用。这种情况称为协同作用，例如磷能促进氮的吸收利用，因为蛋白质合成需要 ATP 同核酸。生产上常施用磷肥来促进氮的吸收利用。钾也能促进氮的吸收及利用，因为钾能够促进核酸形成及氮代谢。所以生产上氮、磷、钾适当配合对增产有很好的效果。但也要注意到，一些离子的存在或过多常会抑制另一些离子的吸收利用，例如磷过多常引起缺锌症状，因为磷与锌形成不溶解的磷酸锌，植物不能吸收，所以施肥时应考虑离子间的平衡。

# 第二节 植物的氮素营养

## 一、作物体内氮的含量和分布

氮是植物生活中具有特殊重要意义的一种营养元素。一般植物含氮量约占植物体干重的0.3%～5%。而含量的多少与植物种类、器官、发育阶段有关。含蛋白质丰富的植物，含氮量也高。豆科植物含氮量比禾本科植物多些，植物种子和叶部的含氮量比茎秆和根部高。按干重计算，大豆植株中含氮 2.49%，紫云英植株含氮 2.25%；而禾谷类作物一般含氮量较少，大多为 1%左右。在作物的不同发育时期，随着体内碳氮代谢的不断变化，植株含氮均有其各自的变化规律。在禾谷类作物的生物发育过程中，一般营养生长期内氮代谢过程占主要地位，植株体内的氮浓度较高。进入生殖生长期后，碳代谢逐渐旺盛，虽然植株氮积累量增加，但植株内氮的浓度下降。到成熟期，营养体内氮素大量向籽粒中转移，结果种子含氮量通常远高于茎秆。如小麦子粒含氮 2.0%～2.5%，而茎秆仅含 0.5%左右；豆科作物子粒含氮4.5%～5%，而茎秆仅含 1%～1.4%。

### 植物体内的全氮量

植物全氮量是指植物整株或某一器官的氮素含量，用百分率表示。一般用全氮量乘以 6.25，即为植物粗蛋白质含量。

## 二、氮的生理功能

氮在植物营养中占突出地位，它是植物体内许多重要有机化合物的组成成分，如蛋白质和核酸等。它又是叶绿素、维生素、生物碱、植物激素等的组成部分，参与植物体内许多重要的物质代谢过程，对植物的生长发育和产量品质影响极大。

**1. 氮是氨基酸和蛋白质的主要成分**

植物从土壤中吸收无机态氮后，在体内转化为各种氨基酸，合成蛋白质。蛋白质中氮含量占 16%～18%。植物组织中的蛋白质种类极多，主要包括结构蛋白、储藏蛋白和酶蛋白三大类。它们在植物体内的功能不同，结构蛋白是构成细胞质、细胞核和细胞壁的组分，其往往与核酸、糖类、脂质、磷酸相结合，分别形成核蛋白、糖蛋白、脂蛋白、磷蛋白，负责体内细胞的增长和新细胞的形成。储藏蛋白在种子胚乳中大量存在。酶蛋白是以卟啉和核黄素作为辅基的色素蛋白质和与铁、铜、锌、锰等金属结合的金属蛋白，各自表现出特有的酶的作用，参与植物体内各种生化反应。植物组织中的酶蛋白，种类多达数千种。植物体内的氨基酸除了能构成蛋白质外，还有一部分以游离或结合状态的氨基酸存在。在铵供应过剩，而体内碳水化合物缺乏情况下累积的氨，可与氨基酸结合形成酰胺。酰胺作为氮素暂时的储存状态，在植物的氮代谢中有重要作用。

**2. 氮是构成核糖核酸和脱氧核糖核酸的必需成分**

核糖核酸和脱氧核糖核酸是合成蛋白质和决定生物遗传性的物质基础。其中脱氧核糖核酸是遗传信息的传递者，而核糖核酸则负责在特定的生育时期和环境下指导蛋白质的合成，达到调节生长发育的目的。

**3. 氮参与叶绿体结构和叶绿素的形成**

叶绿体是植物进行光合作用的场所，氮是叶绿体的结构成分和叶绿素的组成成分。施用氮肥可增加叶绿素的含量，促进光合作用，直接关系到光合作用产物的形成。

**4. 氮参与维生素类物质的形成**

植物体内含氮的维生素有维生素 $B_1$、维生素 $B_2$、维生素 $B_6$、维生素 $B_3$ 等。维生素 $B_1$ 在糖代谢过程中起重要作用，维生素 $B_2$ 在植物体内生物氧化过程中有重要作用，维生素 $B_6$ 在植物氮素代谢的氨基转移过程中起着很大作用。

**5. 其他含氮化合物**

（1）生物碱。植物体内含氮的生物碱有烟碱、茶碱、可可碱、咖啡碱、胆碱、吗啡、奎宁、麻黄碱等。它是一类特殊的碱性含氮有机化合物，难溶于水，易溶于微酸溶液。生物碱具有一定的生理作用，例如胆碱是卵磷脂的重要成分，卵磷脂参与生物膜的形成。很多生物碱对于动物有机体具有强烈的毒害作用，可在医学上作为药剂，如吗啡、奎宁及麻黄碱等。

（2）植物激素。植物体内合成的生长素、细胞分裂素等生长激素也是含氮有机化合物，它们虽然含量甚微，但对促进植物生长发育有重要作用。

（3）酰脲。植物体内的酰脲化合物是一种储藏和运输形态的氮，在植物体内负责储藏氮、转运氮和解除氨毒。

## 氮素污染

土壤和肥料氮素的淋失和径流可导致地下水和地表水中硝酸盐浓度的增加，这不仅严重地威胁着人类的健康，同时也是造成水体富营养化的因素之一。

当施肥量超过作物需要时，土表的硝酸盐就会随着灌溉而淋失。许多情况下，过量灌溉，尤其是大肥大水会加剧硝酸盐的淋失；漫灌、喷灌比微灌和滴灌更容易引起淋失。蔬菜地大量施用氮肥，不仅会造成氮肥资源的大量损失，更严重的是，还会导致地下水和蔬菜中硝酸盐污染，进而危害人类健康。

化肥或有机肥过量施用或施用条件不宜，就会导致湖泊、河流和地下水的污染。湖泊、河流的富营养会促进蓝藻和其他水生生物的快速生长，这不仅会影响在湖泊和河流上的行船等活动，更严重的是，水生植物和蓝藻的旺盛生长及其降解会耗尽水体中的溶解氧，进而导致鱼类和其他水生生物的死亡。

## 三、作物缺氮的症状及氮过量的危害

### 1. 缺氮症状

植物缺氮后叶绿素含量下降，会导致叶片黄化，植物生长发育缓慢，植株矮小。严重缺氮甚至会导致植物生长停滞，不能抽穗开花。后期缺氮则会导致器官提前衰老，谷物的子粒结实率下降，产量明显降低。收获产品中的蛋白质、维生素和必需氨基酸的含量也相应的减少。下部老叶黄化是植物缺氮的显著特征。严重缺氮时，植株全部叶片都表现黄化症状。另一方面，缺氮还会导致植物体内的碳水化合物不能被利用，进而转化为类黄酮类物质（如花青素），使某些作物（如玉米）植株积累色素，常表现出红色。

#### 水稻缺氮症状

叶色淡黄，植株矮小，生长缓慢，不易分蘖，叶绿素合成减少，老叶变萎黄，提早脱落，植株早衰；根系生长不旺盛，白根数量减少，根系发黄。

### 2. 氮过多的危害

过量供应氮素常使细胞过度增大，细胞壁变薄，细胞多汁，导致作物易受各种病害侵袭。如果造成群体过大，受光条件恶化，则植株高度增加过快，下部节间过细，易造成倒伏。氮素过多还会打破营养生长与生殖生长（或地上部与块根、块茎）的平衡，营养生长过旺，而生殖器官得不到碳水化合物的适量供应，发育受阻，成熟期推迟。在棉花上常表现为株型高大徒长，蕾龄稀少而易脱落，霜后花比例增加。在小麦上表现为贪青晚熟，易受干热风危害。对叶菜类蔬菜来说，过量氮素不仅降低其储存和运输品质，更易导致植物体内硝酸盐积累，对人体健康有很大危害。

#### 玉米缺氮症状

玉米生长初期氮不足时，植株生长缓慢，呈黄绿色，幼苗矮化、瘦弱。玉米旺盛生长期氮肥不足时，植株开始呈淡绿色，然后变成黄色，同时下部叶片开始干枯，由叶尖开始逐渐达到中脉，最后全部叶片干枯。玉米缺氮严重或关键时期缺氮，就会出现果穗小，顶部子粒不充实，蛋白质含量低等问题。

# 第三节　植物的磷素营养

## 一、植物体内磷的含量和分布

磷是植物生长发育必需的三大元素之一，在作物的植株中，磷的含量占干物质的0.2%～1.1%。在作物的种子中，磷的含量仅次于氮，油料作物种子中磷的含量可达1%以上，大豆和花生中的含磷量也接近1%，禾谷类作物种子中含磷量为0.6%～0.7%。

在作物生长期中，磷比较集中在富有生命力的幼嫩组织中，因此，幼叶、根尖及繁殖器官是含磷量最高的地方，分布规律是生殖器官高于营养器官、种子高于叶片、叶片高于根系、根系高于茎秆、幼嫩部位高于衰老部位。同一作物的不同生育期，含磷量也有较大差别。一般幼苗期体内的含磷量就比老熟期的植株高很多。

## 二、磷的生理功能

磷是作物体内很多重要有机化合物的组成元素，而且广泛参与植物生命活动过程。磷参与能量代谢、碳水化合物代谢，并调节代谢进程。植酸盐是磷的储藏形态，种子萌发时，其中所储存的植酸盐降解，释放出的无机磷即可在幼苗生长中利用。

**1. 磷是植物体内许多重要化合物的组成元素**

（1）磷是磷脂的成分，磷脂是生物膜结构的基本组分。生物膜是外界的物质流、能量流和信息流进出细胞的通道，并且这三种流都具有选择性，从而调节生命活动。几乎所有的生命现象都与生物膜有关。由于生物膜系统的存在，细胞代谢才有区域化，不同酶系统催化的代谢途径在不同的微环境中进行。由于活细胞内的膜有选择透性，因而各条代谢途径之间既相互联系又互不干扰。

### 水稻缺磷的症状

水稻缺磷时新叶暗绿，老叶灰紫，叶直立，鞘长叶短，严重时叶片卷曲，根系细弱软绵，弹性差，须根少，夹紧不分开。

(2) 核酸是作物生长发育、繁殖和遗传变异中极为重要的物质，它是形成核蛋白的主要成分，白细胞核、原生质和染色体都是由核蛋白组成的。这种化合物集中在作物最有生命力的幼叶、新芽、根尖，担负着细胞增殖和遗传变异的功能。核蛋白的形成只有在磷素不断进入作物体内的情况下才能完成。特别是在作物生长的初期，磷进入作物体内的过程，即使只有短暂的停止，也会使核蛋白的合成作用受阻。

(3) 磷是核苷酸的组分，各种核苷酸在植物代谢中皆有重要功能。例如，腺苷三磷酸是能量储存和供应的“中转站”，胞苷三磷酸及腺苷三磷酸都参与卵磷脂的合成，鸟苷三磷酸是蛋白质合成所必需的，尿苷三磷酸参与多糖合成。

(4) 植酸盐是植酸的盐类，植酸由肌醇转化而来，它是磷的储存形态。当种子或块茎萌发幼苗生长时，植酸盐在植酸酶的作用下降解，可迅速释放出磷、钾等。释放出的磷开始时多用于合成磷脂，形成生物膜的组分，以后逐渐形成核酸，合成蛋白质，促进新细胞形成及幼苗生长。

**2. 促进脂肪代谢**

脂肪是由碳水化合物转变而来的，在糖转化为甘油和脂肪酸，进而合成脂肪的过程中都需要磷的参与。

**3. 促进光合作用和碳水化合物的合成与运转**

在光合作用阶段，将光能转化为化学能，也是通过光合磷酸化作用，把光能储存于腺苷三磷酸的高能磷酸键中来实现的。蔗糖和淀粉的合成，也是要经过磷酸化作用后，才能使合成反应顺利进行。磷还可以促进碳水化合物在作物体内的运输。

**4. 磷能促进氮代谢**

磷是含氮化合物代谢过程中酶的组成成分。氨基酸的合成离不开磷，并且其能源也是含磷的高能化合物；磷是硝酸还原酶中黄素蛋白的成分，因此也能促进硝酸还原作用；磷还能提高豆科作物根瘤的共生固氮活性，增加固氮量。

**5. 提高作物的抗逆性和对外界环境的适应性**

磷能提高作物抗逆性，如抗旱、抗寒、抗病和抗倒伏能力。磷能提高作物抗旱能力的主要原因是磷提高了细胞结构的充水度和胶体束缚水的能力，减少了细胞水分的损失，增加了原生质的黏性和弹性，从而增强了原生质对局部脱水的抵抗力。磷能提高植株体内可溶性糖和磷脂的含量，前者降低原生质冰点，后者增强细胞对温度变化的适应性，从而提高作物的抗寒能力。另外，植物体内无机磷主要以磷酸氢根和磷酸二氢根的形式存在，它们构成缓冲体系，提高细胞对酸碱变化的缓冲能力，从而保证植物的正常生长。

## 三、作物缺磷的症状及磷过量的危害

**1. 缺磷症状**

作物缺磷的典型症状：苗期植株矮小，禾谷类作物分蘖减少。因为碳水化合物代谢受阻，植物体内易形成花青素，如玉米的茎常呈现紫红色，小麦叶片则为黄色。成熟期禾谷类作物籽粒退化较重，穗粒少而不饱满，如玉米秃尖，同时成熟期推迟；果树易过早落果。严重缺磷时，叶片枯死脱落，症状一般先从老叶开始。

### 大豆缺磷症状

大豆缺磷时植株瘦小，叶色深绿，叶片狭而尖，向上直立，开花后叶片呈棕色斑点。严重缺磷时，茎及叶片变暗红，但无霉层，根瘤发育受到影响。

### 玉米缺磷症状

玉米有两个时期最容易出现缺磷症状。第一个时期是幼苗期。这一时期玉米根系短小，吸收面积小，加之磷在土壤中移动性小，会直接影响玉米对磷的吸收。此期如果磷不足，植株下部叶片便出现暗绿，此后从边缘开始出现紫红色，严重缺磷时，叶子边缘从叶尖开始出现褐色，生长更加缓慢。第二个时期是玉米5叶期。这一时期缺磷叶片紫红，叶尖紫色，叶缘卷曲。缺磷还会使花丝抽出速度缓慢。影响授粉，并且果穗卷缩，穗行不齐，出现秃顶现象，成熟延迟。

#### 2. 磷过多的症状及危害

过量施用磷肥时，会强烈增强植物的呼吸作用，消耗大量糖分和能量，也会产生不良影响。例如，谷类作物的无效分蘖和瘪子增加，节间过短，根量极多而粗短。繁殖器官常加速成熟，产量下降。还会出现叶用蔬菜的纤维素含量增加、烟草的燃烧性差等品质下降的情况。施用磷肥过多还会诱发缺锌、缺锰等。

## 第四节　植物的钾素营养

### 一、植物钾含量和分布

钾是排在氮和磷之后居第三位的大量营养元素。在作物体内，钾是含量最高的阳离子，作物体内的含钾量约占干物质的1%～5%，高于磷，有时超过氮。如马铃薯、糖用甜菜、烟草等喜钾作物含钾量较高。与氮、磷不同，谷类作物种子中钾的含量较低，而茎秆中钾的含量则较高。薯类作物的块根、块茎中含钾量较高。

钾在作物体内移动性很强，多集中分布在作物幼嫩组织中，在生长快和新陈代谢旺盛的部位，如根尖、幼叶、幼芽中含钾量均较高，新生叶一般比老叶高。

## 植物对钾的吸收

土壤中的钾主要通过扩散和质流迁移到植物根表或根的自由空间，然后通过主动运转的方式吸收进入根内。植物对钾的吸收取决于土壤供钾能力和作物种类，不同作物的需钾量和吸钾能力不同。需钾量大小依次为向日葵、荞麦、甜菜、马铃薯、玉米＞油菜、豆科作物＞禾谷类作物和牧草。作物的根吸钾以后，大部分通过木质部和韧皮部向上运输，少部分可由韧皮部运至根尖。钾在作物体内的流动性大，可再利用。

## 二、钾的生理功能

### 1. 钾对作物体内酶的活化作用

钾能活化酶，这是钾最重要的生理功能。作物体内的各种新陈代谢过程，如有机化合物的合成、转移、运输、氧化还原等都需要各种酶的参加。在新陈代谢旺盛的分生组织中，酶的含量较高，在这些幼嫩部位中的酶对作物细胞的分裂和器官的形成起重要的作用。现已证明，有 60 多种酶需要钾离子活化。钾能活化的酶分别属于合成酶类、氧化还原酶类和转移酶类等，它们参与糖代谢、蛋白质代谢和核酸代谢等生物化学过程，从而对作物生长发育起着独特的生理作用。

### 2. 增强作物保水和吸水的能力

钾离子具有高速度通过细胞的能力，也就是钾离子能很快进入细胞中并从细胞中很快地渗出。这种功能可以调节叶片气孔的开闭，使叶的蒸腾作用受到控制，在不良气候条件下，气孔关闭就能保持作物体内的水分不受损失。作物缺钾时，气孔的开闭变得迟钝，在恶劣环境下也不能减少水分蒸腾。因此，缺钾作物易受干旱危害。

## 水稻缺钾症状

水稻苗期叶片绿中带蓝，老叶软弱下披，心叶挺直，中下部叶片尖端出现红褐色组织坏死，叶面有不定型的红褐色斑点。随后，焦枯早衰，稻丛披散，植株伸展受阻而矮缩；多褐根，根系细弱，老化早衰，秕谷增加，谷粒缺乏光泽，不饱满；易倒伏和感染胡麻斑病及赤枯病。

钾还可以调节细胞的渗透势，增强作物吸收土壤中水分的能力。作物体内含钾充足时，即使土壤水分含量稍低，也不易遭受旱害。

### 3. 提高作物光合作用和光合产物运转的能力

钾通过调节气孔的开闭，促进叶绿素的合成，改善叶绿体的结构，促进叶绿体内电子传递，促进 $CO_2$ 的同化和提高 $CO_2$ 同化的速率，来提高作物的光合作用。

钾能促进光合产物的合成与转运。钾通过激活淀粉合成酶的作用，促进淀粉合成，因此淀粉含量高的作物（如薯类作物）都需钾较多。钾对光合产物的运转起两方面的作用：一方面钾可以促进腺苷三磷酸的合成，而腺苷三磷酸为光合产物的运转提供能源，缺钾时光合产物从叶片输送到其他器官的速率减慢；另一方面，钾离子是作物体内数量最多、移动性最强的阳离子，担任着光合产物的“运载工具”。

**4. 提高植物的抗逆性**

钾能提高植物抗旱、抗高温、抗寒、抗病、抗盐、抗倒伏等的能力，从而提高其抵御恶劣环境的能力。其原因主要是在水分胁迫、高温、寒冷、盐害等逆境条件下，钾通过其渗透调节功能，可以在一定程度上维持植物细胞的含水量，使原生质体保持一定的充水度、分散度和黏滞性，使植物进行正常的代谢活动。

### 玉米缺钾症状

玉米缺钾初期表现为茎节内侧变为深褐色。玉米生长缓慢，叶片色淡，黄绿，叶尖干枯，呈现火烧状。玉米严重缺钾时，生长停滞，节间缩短，茎秆细弱易折，易倒伏，生育延迟，果穗变小秃尖，淀粉含量降低。

## 三、作物缺钾的一般症状

钾在植物体内流动性很强，能从成熟叶和茎中流向幼嫩组织进行再分配，缺钾症状先从老叶开始，再逐渐向新叶扩展，如新叶出现缺钾症状，则表明严重缺钾。一般作物生长早期不易观察到缺钾症状，在作物生长发育的中、后期，缺钾植株的下部老叶上出现失绿并逐渐坏死。双子叶植物叶脉间先失绿，沿叶缘开始出现黄化或有褐色的斑点或条纹，并逐渐向叶脉间蔓延，最后发展为坏死组织。单子叶植物叶尖先黄化，随后逐渐坏死。

# 第五节　植物中量元素营养

钙、镁、硫被确认为植物生长的必需元素，由于植物对这三种元素的需要次于氮、磷、钾而高于微量元素，因而称之为中量元素。植物体内要有相当数量的钙、镁、硫才能维持正常生长，植物缺钙、镁、硫会引起植物体内代谢失调，最终影响到作物产量和品质。

## 一、植物钙素营养

### 1. 植物体内钙的含量和分布

植物体内钙的含量一般占干物质的 0.5%～3%，不同植物种类和植物器官的含钙量有很大差异。一般双子叶植物高，如苜蓿、油菜、棉花、豆类作物等地上部含钙量为干物质的 1%～3%，而单子叶植物如大多数禾谷类作物和禾本科牧草的地上部含钙量不足 1%。造成这种差异的原因，一是由于双子叶植物根的阳离子交换量较高，二是单子叶植物和双子叶植物两者细胞膜对钙的渗透性不同。钙大部分集中在茎叶中，尤其是老叶比嫩叶多，而花和种子中含钙量较低，根部含钙也较少。

### 2. 钙的生理功能

（1）钙作为细胞壁的重要成分，是细胞分裂伸长所必需的。大部分钙与果胶酸结合形成果胶酸钙黏结相邻的细胞。缺钙时，细胞壁不能形成，子细胞无法分隔成两部分，于是产生双核细胞，缺钙细胞不能正常分裂和伸长，生长点死亡。

（2）稳定生物膜的结构，调节膜的渗透性和消除其他离子的毒害。一般认为钙能把质膜上的磷和羟基桥接起来，维持生物膜的稳定。钙能降低原生质胶体的分散度，促使原生质体浓缩，增加原生质的黏滞性，使细胞膜不仅可以防止细胞内养分外渗，同时也能抑制阳离子的被动吸收。由于钙能增强质膜的稳定，活化酶，因此可增强质膜对养分的选择吸收能力。还能中和植物代谢过程中产生的有机酸，如草酸等，可避免这些离子和有机酸过多而对作物产生不利的影响。

#### 水稻缺钙症状

水稻缺钙先发生于根及地上幼嫩部分，根系生长很差，茎和根尖的分生组织受损，根尖细胞腐烂、死亡，植株呈未老先衰状。幼叶卷曲且叶尖有黏化现象，叶缘发黄，逐渐枯死。定型的新生叶片前端及叶缘枯黄，老叶仍保持绿色，结实少，秕粒多。

（3）钙是许多酶的活化剂。钙是植物体内许多酶的活化剂，而钙对酶的活化作用主要是通过钙调节实现的。

（4）钙能抑制真菌的侵袭，提高果蔬的储藏品质。钙能抑制真菌的侵袭，这主要是因为钙抑制了酶对质膜的破坏作用。同时，钙对于果品储存期间降低病害感染率有明显作用。国内外专家对钙在果蔬采后生理中的作用产生了极其浓厚的兴趣。适当增加采后果实中钙的水平，对果实采后呼吸、乙烯释放、软化和生理病害等方面有明显的抑制作用，还可改变蛋白质和叶绿素含量、细胞壁及膜的流动性，并能提高果实品质等。由于钙一般被认为是植物细胞衰老和果实后熟作用的延缓保护剂，因此钙在果蔬采后储藏保鲜上被广泛研究和应用，采前钙处理（有时配合激素处理）和采后喷钙均对果实保鲜和储运有良好效果。

### 3. 作物缺钙症状与诊断

钙是植物体内难以移动的元素之一，其缺乏症状首先出现在新根、顶芽、果实等生长旺盛而幼嫩的部位，如幼叶、生长点等分生组织生长减弱，容易腐烂坏死；幼叶卷曲畸形，叶缘发黄并渐死亡；植株生长停滞，节间缩短，植株矮小，组织软化，果实生长发育不良，易腐烂。据报道，在园艺作物中由于缺钙引起的失调症有40多种，如番茄、辣椒的脐腐病，大白菜、甘蓝和莴苣的干烧心（幼叶叶缘呈烧灼状，出现尖端坏死），马铃薯的褐斑病等。

#### 玉米缺钙症状

玉米缺钙呈现出植株生长不良，心叶不能伸展，叶尖黄化枯死；新展开的功能叶叶尖及叶片前端叶缘焦枯，并有锯齿状不规则横向开裂，顶叶卷呈“弓”状，叶片粘连；新根少，根系短，叶黄褐色。

## 二、植物镁素营养

### 1. 植物体内镁的含量与分布

植物体内镁的含量约为干物质的0.05%～0.7%，通常豆科作物含镁量高于禾本科作物。大多数成熟的谷类作物和禾本科牧草的地上部含镁量为0.1%～0.4%，棉花、大豆和苜蓿植物的地上部含镁0.3%～0.6%。同一种作物不同器官镁含量不同。种子含镁较多，茎叶次之，而根系较少。

### 2. 镁的营养作用

（1）镁是叶绿素、植素和果胶等的组成成分。镁是叶绿素分子中唯一的金属元素，叶绿素是植物光合作用的核心，植物缺镁，叶绿素势必减少，外观出现缺绿症状，光合作用减弱，碳水化合物、蛋白质、脂肪的合成受到影响。

（2）镁是许多酶的活化剂。由镁活化的酶不下几十种，镁还参与了其中一些酶的构成。

（3）镁参与碳水化合物、脂肪、蛋白质和核酸的合成。镁参与碳水化合物的合成，它的关键作用是活化二磷脂核酮糖酸双激酶。油料作物，如大豆施用镁肥能提高籽实含油量。镁活化谷酰胺合成酶，促进谷氨酸、谷氨酰胺的合成；在氨基酸的活化、转移，以及合成为多肽的过程中，镁也是不可缺少的。镁还是核糖体的组成成分，对于稳定核蛋白颗粒起重要作用。在缺镁的情况下，植物体内蛋白质氮含量降低，而非蛋白质氮增加；小麦施用镁肥能增加籽粒的蛋白质和面筋含量。

### 水稻缺镁症状

水稻缺镁植株高度不减，但叶脉间失绿，先变为蓝黑色，进而变为铁锈色。中下部叶片从叶舌部分开始略向下倾斜，老叶枯焦，易感染稻瘟病、胡麻叶斑病。

#### 3. 作物缺镁症状与诊断

作物缺镁症状。镁在作物体内容易移动，缺镁时症状首先表现在中下部较老的叶片上。缺镁的植物叶片叶脉间失绿，叶脉仍为绿色，在叶片上形成清晰的网状脉纹，往往在叶片边缘和尖端较为严重，而叶片基部常能保持绿色；严重时整个叶片变绿或发亮，叶肉组织变为褐色而坏死。缺镁也可使叶片发硬、变脆和扭曲，在成熟前叶片枯萎、脱落。不同作物表现的缺镁症状各不相同。如玉米缺镁时下部叶片出现典型的叶脉间条状失绿症；水稻缺镁首先在叶尖、叶缘出现色泽退淡变黄、叶片下垂，叶脉间出现黄褐色斑点，随后向叶片中间或基部扩展。苹果、柑橘缺镁叶脉间失绿，叶缘变为橙色、赤色或紫色。

## 三、植物硫素营养

#### 1. 植物体内硫的含量与分布

植物体内硫的含量与磷接近，约为干物质的0.1%～0.5%，平均为0.25%左右。但不同的植物和器官之间含硫量差别很大，一般情况是：十字花科作物＞豆科作物＞禾本科作物；种子＞茎秆。作物所需的硫，主要从土壤中吸收，也可通过叶片从大气中吸收少量二氧化硫气体。当大气中二氧化硫的浓度过大时则对多数作物有害。硫在植株中的分布位置主要是籽粒，其次是叶片，茎和根中含量较少。

### 水稻缺硫症状

返青慢，不分蘖或少分蘖，植株矮瘦，叶片薄，幼叶呈淡绿色或黄绿色，叶尖有水渍状圆形褐色斑点，叶尖焦枯，根系暗褐色，白根少，生育期延迟。

#### 2. 硫的营养作用

(1) 硫是构成蛋白质和许多酶不可缺少的组成成分。一般蛋白质含硫0.3%～2.2%。蛋白质中有三种含硫的氨基酸，即胱氨酸、半胱氨酸和蛋氨酸。含硫氨基酸是体现蛋白质营养价值的重要成分，且蛋氨酸也是人体必需的氨基酸。因此如果供硫不足，就会缺少含硫氨基酸而限制蛋白质的合成，导致不含硫氨基酸和酰胺积累。同时还会导致植株中硝态氮增多。硫是许多酶的成分，这些酶不仅参与植物呼吸作用，而且与碳水化合物、脂肪和氮代谢有密切关系。

(2) 硫是某些生理活性物质和某些特殊物质的组成成分。生理活性物质，如硫胺素、生物素等都是含硫有机化合物。适宜浓度的硫胺素能促进根系生长，生物素参与脂肪合成，所以油料作物施硫能提高含油率。某些含硫特殊物质，如十字花科的油菜籽中的芥籽油和百合科的葱蒜中的蒜油均属于硫脂化合物，这些硫脂化合物有特殊的气味，具有很高的营养和药用价值，可增进食欲，同时又是抗菌物质，可以预防和治疗某些疾病。

**大豆缺硫症状**

新叶从淡绿到黄色，叶脉、叶肉失绿，但老叶仍浅绿色均匀，后期老叶也失绿发黄，并出现棕色斑点，植株细弱，根系瘦长，根瘤发育不良。

(3) 硫参与氧化还原反应。植物体内的胱氨酸、半胱氨酸、谷胱甘肽等含硫有机化合物直接参与植物体内的氧化还原反应。

(4) 硫参与固氮作用。硫是固氮酶的组成成分，施用硫肥常能促进豆科作物根瘤的形成，增加固氮量，并提高种子产量。

#### 3. 作物缺硫症状与诊断

作物缺硫时，叶片退绿或黄化，茎细弱，顶端及幼芽受害较早，通常幼芽先变黄，根细长而不分枝，植株生长迟缓，开花结实时间推迟，结实率低，秕壳多。作物缺硫的症状类似于缺氮的症状，即失绿和黄化比较明显。但由于作物体内硫的移动性不大，缺硫症状首先在中上部叶出现，这一点与缺氮有异。

## 第六节　植物微量元素营养

各种微量元素在植物体内都有各自的营养作用和生理功能。当植物严重缺乏某一种元素时，其专一的生理作用首先受到限制，影响植株新陈代谢，从而使植物器官发生特殊的生理病态——缺素症，最终影响到作物的产量和品质。

### 一、植物硼营养

#### 1. 植物体内硼的含量与分布

植物体内硼的含量变幅范围一般在 2～100 mg/kg 之间。双子叶植物的含硼量比单子叶植物高，如蒲公英和罂粟等含硼量特别高。禾本科作物需硼较少，一般不易缺硼；而双子叶植物需硼较多，易出现缺硼症状。植物体内硼的分布规律是繁殖器官高于营养器官；营养器官中叶片高于枝条，枝条高于根系。硼较为集中地分布在子房、柱头等植物生殖器官中，因此，硼对生殖器官的形成具有重要作用。

2. 硼的生理功能

（1）促进碳水化合物的运输和代谢。硼的重要营养功能之一是它参与植物体内糖的运输。碳水化合物运输受阻是植物缺硼最明显的特征之一。供硼充足时，糖在植物体内运输就顺利；供硼不足时，则会有大量糖类化合物在叶片中积累，使叶片变厚、变脆，甚至产生畸形。糖运输受阻时，会造成分生组织中糖分明显不足，致使新生组织难以形成，往往表现为植株顶部生长停滞，甚至生长点死亡。

硼在葡萄糖代谢中有调控作用。当供硼充足时，葡萄糖主要进入糖酵解途径进行代谢；供硼不足时，葡萄糖则容易进入磷酸戊糖途径进行代谢，形成酚。

### 玉米缺硼症状

上部叶片脉间组织变薄，呈白色透明条纹，生长点受抑制，抽穗受阻，雄花退化变小以至萎缩，果穗短而弯曲畸形，顶端籽粒空秕。

（2）参与细胞壁组分的合成。硼酸与顺式二元醇结合成稳定的酯类。许多糖及其衍生物，如糖醇和糖醛酸，以及甘露醇、甘露聚糖和多聚甘露糖醛酸等均属于这类化合物。它们可作为细胞壁半纤维素的组分，而葡萄糖、果糖和半乳糖及其衍生物（如蔗糖）不具有这种顺式二元醇的构型。植物中大部分硼都以这种复合物的形式结合在细胞壁中。

（3）促进细胞伸长和细胞分裂。植物缺硼的症状最先是根尖和侧根的伸长受到抑制，甚至停止生长，使根系呈短粗丛枝状。最近的试验证明，硼不仅为细胞伸长所必需，也是细胞分裂所不可缺少的。

（4）促进生殖器官的建成和发育。在植物的生殖器官中，花的柱头和子房中硼的含量最高。籽粒的形成往往比营养生长需要更多的硼，植物缺硼抑制了细胞壁的形成，细胞伸长不规则，花粉母细胞不能进行四分体分化，从而导致花粉粒发育不正常。硼促进植物花粉的萌发和花粉管伸长，减少花粉中糖的外渗。因此，在缺硼的条件下，作物受精作用受碍，籽实不能正常发育，甚至完全不能形成，出现甘蓝型油菜“花而不实”、棉花“有蕾无花”、花生“有壳无仁”、大麦“穗而不实（不稔症）”等。果树缺硼会明显影响花芽分化，致使结果率低，果肉组织坏死，果实畸形。

### 大豆缺硼症状

顶端枯萎，叶片粗糙增厚皱缩，生长受阻，矮缩，主根顶端死亡，侧根多而短，根瘤发育不正常，不开花或开花不正常，结荚少而畸形。

（5）调节酚的代谢和木质化作用。硼能改变许多代谢过程，还能促进糖酵解的过程。

缺硼时，由于酚类化合物的积累，提高了多酚氧化酶（PPO）的活性，而导致细胞壁中醌（如咖啡醌）的浓度增加，这些物质对原生质膜透性以及膜结合的酶有损害作用。由此可见，硼对生物膜有保护作用。

（6）稳定细胞膜的功能。近年来，不少研究者证实了硼在调节高等植物膜功能中的作用。硼对膜透性有直接影响。进一步研究发现，硼能够促进植物钾、磷的吸收。缺硼时，膜束缚的腺苷三磷酸酶活性降低，经硼处理后，其活性又恢复到供硼充足时的水平。

（7）调节生长素的代谢。缺硼植株中生长素的含量往往比正常生长的高，缺硼的许多症状，如生长点坏死、根尖生长停止、细胞分裂由纵向扩展变为径向膨大等，均与高浓度的生长素诱发症状十分相似。因此，不少研究者认为缺硼症状是生长素含量增高的反映。缺硼植株中积累的多种酚类化合物是生长素氧化酶的抑制剂，抑制生长素氧化酶的活性，导致生长素的积累。当硼供应充足时，硼与酚类化合物络合，保持正常的生长素氧化酶活性，防止过量的生长素积累。然而，近年来研究表明，加入外源生长素并不能模拟出植株的全部缺硼症状，由缺硼引起向日葵根超微结构的变化与高浓度生长素处理的有很大差别。同时，在组织中生长素含量没有任何增加情况下，也可能出现典型的缺硼症状。缺硼初期，在植株顶部组织中，甚至还有生长素含量降低的趋势。只有在对缺硼敏感或积累了某些酚类化合物（如咖啡酸）的植物组织中才会出现生长素的积累。这说明硼与生长素的关系相当复杂。

此外，硼还能促进核酸和蛋白质的合成以及生长素的运输，在提高作物抗旱性等方面也有一定的作用。

**3. 植物缺硼及硼过量的危害**

（1）植物缺硼症状。植物严重缺硼时，茎尖生长点受到抑制，节间短促，生长点生长停滞，甚至枯萎死亡。顶芽枯死后，腋芽萌发，侧枝丛生，形成多头大簇。根系发育不良，根尖伸长停止，呈褐色，侧根加密，根茎以下膨大，似萝卜根。老叶增厚变脆，叶色深，无光泽；新叶皱缩，卷曲失绿，叶柄短缩加粗。茎短缩，严重时出现茎裂和木栓现象。蕾花脱落，花少而小，花粉粒畸形，生活力弱，不能完成正常的受精过程。结实率低，果实发育不良，常呈畸形，小而坚硬。甜菜“腐心病”、油菜“花而不实”、棉花“有蕾无花”、花椰菜“褐心病”、小麦“不稔症”、花生“有壳无仁”、芹菜“茎折症”、苹果“缩果病”、柑橘“石头果”以及油橄榄“多头症”等，都是严重缺硼的症状。植物轻度缺硼时，一般外表无明显症状。

**番茄缺硼症状**

幼苗子叶和真叶呈紫色，叶片硬而脆，茎生长点发黑、干枯。在生长点附近长出新的侧枝，植株形成丛生状，顶部枝条内向卷曲，发黄而死亡。叶柄、叶片和叶脉都易变脆，果实成熟期不齐，畸形，果皮有褐色侵蚀斑，以至形成黑色疤痕并破裂。

(2) 硼过量的危害。硼过量容易引起植物硼中毒现象，由于硼在植物体内的运输受蒸腾作用的控制，而且在植物体中难以移动，因此硼中毒症状往往先从植物基部叶片表现出来，而且与叶脉类型有关。一般是在植物中下部叶片尖端或边缘退绿，随后出现黄褐色斑块，甚至坏死焦枯。叶脉呈辐射状的双子叶植物，整个叶缘枯焦如镶金边；叶脉呈平行状的单子叶植物，症状由叶尖逐渐向中心发展，严重时叶片枯萎早脱，其特点是老叶比新叶症状严重。

### 我国土壤微量元素缺乏的特点

我国各种微量元素缺乏的土壤面积之和约为 15 746 万公顷。其分布存在着明显的地区差别，东部特别是东南部主要缺硼，北方石灰性土壤（包括水稻土）及南方水稻土（包括石灰性、中性水稻土及沼泽土、盐土等）多缺锌；北方黄土母质和黄河冲积物发育的石灰性土壤多缺锰；南方红壤区的大多数酸性土壤多缺钼；北方干旱、半干旱地区的石灰性土壤易缺铁；南方长期渍水的水稻土和北方沼泽土、泥炭土易缺铜。

## 二、植物铁营养

### 1. 植物体内铁的含量与分布

植物体内铁的含量一般在 60～300 mg/kg（干重）之间，低于 50 mg/kg 则可能缺铁。植物铁的含量常随植物种类和植株部位而有所差别，某些蔬菜作物含铁量较高，如菠菜、莴苣、绿叶甘蓝等含铁量一般均在 100 mg/kg 以上，最高可达 800 mg/kg；而水稻、玉米的含铁量却相对比较低，约为 60～180 mg/kg。一般，豆科植物含铁量比禾本科作物高。不同植株部位其含铁量也不相同，如禾本科作物秸秆中含量较高，而籽粒、谷粒、块茎中含量就比较低。在同一植株中，铁的分布也不均匀，例如玉米茎节中常有大量铁的沉淀，而叶片含铁量却很低，叶片上甚至还会出现缺铁症状。

### 2. 铁的生理功能

(1) 铁是叶绿素合成所必需的元素。铁虽然不是叶绿素的组成成分，但它对叶绿素的形成不可或缺。缺铁时叶绿素结构被破坏，不能合成。铁与光合作用有密切关系，它不仅影响光合作用中的氧化还原系统，而且参与光合磷酸化作用，直接参与二氧化碳的还原过程。

### 玉米缺铁症状

幼叶脉间失绿呈条纹状，中、下部叶片为黄绿色条纹，老叶呈棕色。茎秆和叶梢呈紫红色，严重时整片新叶失绿发白。

（2）参与植物体内氧化还原反应和电子传送。铁在作物体内有原子化合价的变化，在活有机体内参与氧化还原反应。铁是血红蛋白和细胞色素的组成成分，也是细胞色素氧化酶、过氧化氢酶、过氧化物酶等的组成成分，它们的还原能力很强。这些不同种类的含铁蛋白作为重要的电子传递者或催化剂，参与植物体内多种代谢活动。细胞色素不仅在呼吸链中起传递电子的作用，而且在光合作用中也起到传递电子的作用。这两种物质都具有卟啉环，环的中心部位就是铁。

（3）参与植物的呼吸作用。铁还参与植物细胞的呼吸作用，因为它有一些与呼吸作用有关的酶的成分。铁常处于这些酶结构的活性部位上，当植物缺铁时，这些酶的活性都会受到影响，并进一步使植物体内一系列氧化还原作用减弱，电子不能正常传递，呼吸作用受阻，腺苷三磷酸合成减少，因此，植物生长发育及产量均受到明显影响。

此外，铁还是磷酸蔗糖合成酶的活化剂，缺铁时磷酸蔗糖合成酶活性显著下降，蔗糖的合成减少。

**3. 植物缺铁及铁过量的危害**

（1）植物缺铁症状。铁在不同器官间不易移动，同时铁又是叶绿素合成所必需的，因此缺铁首先可见的典型症状是幼叶失绿，而下部老叶仍保持绿色，随着铁缺乏的加重，植株下部叶片逐渐失绿变白。幼叶失绿开始时往往是脉间失绿，叶脉仍能保持绿色，幼叶的这种缺铁失绿在出现坏死斑点前是可逆的，也就是说重新供铁可使叶片恢复绿色。严重缺铁时，叶片上出现褐色斑点和组织坏死，并导致叶片死亡。

**大豆缺铁症状**

上部叶片脉间黄化，叶脉仍保持绿色，并有轻微卷曲，严重缺铁时，新叶失绿呈白色，并逐渐扩大呈褐色斑点直至坏死。

植物叶片缺铁的临界浓度范围为 30～50 mg/kg，但不同植物间有显著的差异。各种作物对铁的需要量不同，因而缺铁的临界浓度不同。如水稻缺铁的临界浓度为 80 mg/kg，玉米为 15～201 mg/kg，棉花为 30～50 mg/kg。

不同作物对缺铁的敏感性也不同，对缺铁敏感的作物有高粱、玉米、大豆、黑豆、果树、葡萄、花生、番茄及草原旱柳等，其中黑豆常被作为土壤缺铁的指示植物。

（2）植物铁中毒症状。铁的毒害往往发生在通气不良的土壤上，如在排水不良的土壤或长期渍水的水稻土中，亚铁含量可高达 300～700 mg/kg，致使作物产生亚铁毒害。铁中毒的症状表现为老叶上有褐色斑点，根部呈灰黑色，易腐烂。水稻遭受亚铁毒害时，一般在叶片的脉间首先产生红棕色斑点，而后扩散至整个叶片，变成灰色，所以往往把水稻亚铁毒害称为“青铜病”。

对铁毒害的防治，总的原则是提高土壤的 pH 值及氧化还原电位，同时还可根据离子间相互作用的平衡原理来减少植物对铁的吸收。因此，施用石灰及其他碱性肥料，适时排水晒田以加强土壤通气性都是防治亚铁毒害的有效措施。同时，也可以通过选用抗亚铁毒害的品种加以解决。

### 马铃薯缺铁症状

幼叶失绿并有规则地扩展到整株叶片，严重缺铁时，变为黄色或白色，向上卷曲，下部叶片为棕黄绿色，叶缘卷曲。

## 三、植物锌营养

### 1. 植物体内锌的含量与分布

植物正常含锌量一般为 25～150 mg/kg（干重），其含量常因作物种类及品种不同而有差异。同一作物不同部位的含锌量也不相同，如水稻籽粒含锌 18～35 mg/kg，茎秆含锌 38～125 mg/kg ；玉米籽粒含锌 15～25 mg/kg，茎秆含锌 20～35 mg/kg；大豆籽粒含锌 25～30 mg/kg，茎秆含锌 17～27 mg/kg。试验结果表明，正常番茄植株顶芽含锌量最高，叶片次之，茎最少；整个植株中锌的分布有由下而上逐渐递增的趋势。植物根系的含锌量常高于地上部分，供锌充足时，锌可在根中累积，而其中一部分属于奢侈吸收。

### 2. 锌的生理功能

（1）锌是酶的组分或活化剂。锌是许多酶的必要组成成分。同时，锌也是许多酶的活化剂，在生长素形成的过程中，锌与色氨酸酶的活性有密切关系。

（2）促进光合作用。缺锌会引起叶绿体内膜系统的破坏，并影响叶绿素的形成。同时，缺锌导致二氧化碳的水合反应受阻，光合效率大大降低。缺锌还会使光合作用碳代谢过程受阻。

（3）参与呼吸作用。锌是植物呼吸作用过程中多种酶的成分，并影响其活性。因此，锌直接影响植物这一阶段的呼吸作用。此外，锌能促进细胞色素的合成，因此锌对呼吸作用的电子传递有间接作用。

（4）参与生长素的合成。锌能促进合成生长素。缺锌时，植物体内的生长素和色氨酸含量都有所降低，特别是在芽和茎中的含量明显减少，植物生长发育出现了停滞状态。

### 水稻缺锌症状

水稻缺锌症状常出现在 4～6 叶，直播田稻苗立针后 2～10 天，移栽田移栽后 2～4 周，低温阴雨天出现早，冷浸田出现更早。首先新叶直至茎部失绿，叶片变窄，功能叶主脉两侧出现褐斑，老叶薄脆易断，根细短，灰白色无光泽，小花不孕率增加。严重缺锌时，植株矮化，地僵苗枯死。

（5）参与蛋白质代谢。锌与蛋白质代谢作用有密切关系，缺锌导致蛋白质合成受阻。这是由于锌是核糖核蛋白体的组成部分，而且影响其结构稳定性。同时，锌参与抑制核糖核酸酶活性，阻止核糖核酸分解，有利于蛋白质合成。缺锌时，核糖核酸酶活性下降，核糖体结构完整性降低，促进核糖核酸降解，氨基酸和酰胺含量增加，蛋白质合成受阻，蛋白质含量减少。

在几种微量元素中，锌是影响蛋白质合成最为突出的元素。缺锌几乎总是和蛋白质合成的削弱联系在一起的。

（6）促进繁殖器官发育。锌对生殖器官发育和受精作用都有影响。锌是种子中含量较多的微量元素，且大部分集中在胚中。有人检验雌性配子体细胞中的锌，发现在卵球的原生质中，锌的浓度最高，表明锌对繁殖器官形成起重要作用。培养在缺锌条件下的豌豆，其卵球完全退化，不产生种子。在澳大利亚，三叶草增施锌肥后，其营养体产量增加 1 倍，而种子和花的产量增加 100 倍。这些研究结果表明锌对卵球和胚发育的影响胜于对花粉发育的影响，对繁殖器官的影响胜于对营养器官的影响。

（7）增强植物的抗逆性。锌可增强植物对不良环境的抵抗力，它既能提高植物的抗旱性，又能提高植物的抗热性。锌能增强高温下叶片蛋白质构象的柔性。锌在供水不足和高温条件下，能增强光合作用强度，提高光合作用效率。

此外，锌还能提高植物抗低温或霜冻的能力，因而有助于冬小麦抵御霜冻侵害，安全越冬。锌有降低原生质对氯离子和硫酸根离子透性的作用，增加原生质胶体稳定性，提高亲水胶体含量和含糖量，从而增强植物抗盐的能力。

## 玉米缺锌症状

叶片有黄色斑纹或叶脉间形成失绿，称为花白苗或花叶病。严重时叶片主脉或叶缘间出现黄色或白色宽条纹，植株矮小，节间缩短，抽丝或吐雄延迟，果穗缺粒秃尖。

### 3. 植物缺锌症状及锌过量的危害

（1）缺锌的症状。植物缺锌的共同特点是，光合作用减弱，叶片失绿，节间缩短，植株矮小，生长受限制，产量降低。植物缺锌严重时，常会表现出特殊的缺锌症状。如水稻的“红苗病”、“火塘苗”、“僵苗”、“发红苗”、“白叶倒苗”（湖北）、“稻缩苗”（河北）、“赤枯翻秋”（湖南）、“矮缩苗”（江苏）、“坐蔸”（四川）、“倒缩苗”（浙江）和“窒息病”（台湾）等，都是缺锌症状。果树缺锌易出现“小叶病”，以苹果最为典型。其特点是新梢生长失常，极度缩短，形态畸变，腋芽丛生，形成大量细瘦小枝，梢端附近轮生小而硬的花斑叶，密生成簇，故又名“簇叶病”，簇生严重程度与树体缺锌程度呈正相关。植物对缺锌的敏感程度，因植物种类不同而异。对缺锌最敏感的作物有玉米、高粱、大豆、亚麻、蓖麻、洋葱、蚕豆、柑橘、苹果、桃、葡萄；中度敏感的作物有水稻、棉花、马铃薯、番茄、甜菜、三叶草、紫花苜蓿、梨；不很敏感的作物有小麦、大麦、胡萝卜、豌豆、薄荷、芦笋。

（2）锌过量的危害。锌过量可导致植物遭受锌的毒害，锌过量对植物的危害主要表现为根的伸长受阻。如水稻受锌毒害以后，幼苗长势不良，叶片黄绿并逐渐枯黄，分蘖少，植株矮小，根系短而稀疏。小麦受锌毒害以后，叶尖出现褐色的斑条，生长迟缓，产量降低。一般认为使植物出现毒害的锌含量为大于 400 mg/kg，锌中毒受作物种类、品种、生长状况和环境因素的影响很大。据报道，水稻、小麦、燕麦、玉米等禾谷类作物比甜菜、豌豆及其他许多蔬菜作物对过量锌的适应性强，尤其是玉米对过量锌既有高度的拒吸力，又能忍耐体内过高的含量。

过量的锌除影响作物生长外，还会残留于粮食中，危害人体健康。国家规定，灌溉水中含锌不得超过 3 mg/L。在长期施用锌肥时，也应对土壤中锌的状况作必要的监测。

### 大豆缺锌症状

新叶变小，叶脉间呈淡绿，而叶缘呈淡绿色或青铜色，严重缺锌时，叶片呈柠檬黄色，出现坏死斑点，植株矮小，果荚易脱落。

## 四、植物铜营养

### 1. 植物体中铜的含量和分布

植物对铜的需要量很少，大多数作物含铜量仅为 2～25 mg/kg（干重）。即使施用充足铜肥，一般也不超过 30 mg/kg。植物体内铜的含量因作物种类、品种、器官和生育阶段的不同而异。一般豆科作物显著高于禾本科作物。在同一作物中，铜多集中于根部、幼嫩叶片、种子胚芽等生长活跃的组织中，而茎秆和老熟叶片中较少。在根部，特别是根尖和根中部含铜量较高，而根基部显著降低，且不易向地上部分运输。

### 2. 铜的生理功能

（1）铜是某些蛋白和酶的组成成分。铜离子形成稳定性螯合物的能力很强，它能与氨基酸、肽、蛋白质及其他有机物质形成配位化合物，如各种含铜的酶和多种含铜的蛋白质。它们有着多方面的功能，主要起催化作用。

（2）参与木质素的合成。铜在细胞壁形成中具有重要作用，尤其是在木质化过程中的作用最大。因此，细胞壁木质化受阻是高等植物缺铜诱发的最典型的解剖学变化之一。缺铜时，叶片的细胞壁物质占总干重的比例显著下降。铜对木质化作用的影响在茎组织中表现得更为突出。严重缺铜时，植物木质部导管的木质化受阻，甚至轻度缺铜也会使木质化作用减弱。因此，木质化程度可作为判断植物铜营养状况的指标。

## 水稻缺铜症状

分蘖期上部叶片发黄，新叶和尖叶卷筒，抽穗延迟，不孕率高，有时整株白穗。

(3) 参与碳水化合物及氮代谢。在植物营养生长后期，缺铜使可溶性碳水化合物的含量显著降低。缺铜并不影响碳水化合物在植物体内的分布，但对碳水化合物合成的影响是间接的。

铜对植物氮代谢有多方面的影响。缺铜会干扰蛋白质的合成，从而导致可溶性含氮化合物的增加，以及游离氨基酸和硝酸盐的积累。缺铜还会使脱氧核糖核酸含量降低。缺铜对植物氮代谢的另一影响是生物固氮作用受阻。豆科作物供铜不足时，结瘤和固氮作用都受到抑制，这可能是铜参与了豆血红蛋白的合成作用。缺铜降低了根瘤中末端氧化酶的活性，导致根瘤细胞中氧压增加而不利于氮素的固定。

(4) 参与生殖生长。铜对谷类作物的生殖过程十分重要，缺铜对谷粒、种子或果实形成的影响比对营养生长的影响大得多。严重缺铜时，由于促进分蘖的形成使秸秆产量相当高，却不能结实；缺铜使植株花粉发育不良、花药形成受阻、花粉无生活力，这是造成不结实的重要原因。作物对缺铜敏感的时期大多在生殖生长时期，小麦缺铜的敏感期是花粉开始形成的孕穗初期。

### 3. 植物缺铜症状和铜过量的危害

(1) 植物缺铜症状。当作物体内铜的含量低于 4 mg/kg 时，就有可能缺铜。植物缺铜一般表现为幼叶褪绿、坏死、畸形及叶尖枯死；植株纤细，木质部纤维化和表皮细胞壁木质化及加厚程度减弱。严重缺铜时，韧皮部及木质部的分化受阻，特别是茎部厚壁组织变薄。禾谷类作物缺铜常使分蘖增多，推迟生殖生长。缺铜植物抽穗后贪青不落黄，不结实，有的甚至不抽穗；接近成熟时迅速枯萎，呈现出与正常植株不同的黑褐色；双子叶植物缺铜时，叶片卷缩，植株凋萎，叶片易折断，叶尖呈黄绿色；果树缺铜时发生顶枯，树皮开裂，有胶状物流出，呈水泡状皮疹，称为郁汁病或枝枯病，而且果实小，果肉僵硬，严重时果树死亡。

## 玉米缺铜症状

分蘖期上部叶片发黄，新叶和尖叶卷筒，抽穗延迟，不孕率高，有时整株白穗。

各种作物对缺铜的敏感性差异很大，禾谷类作物大多对缺铜极为敏感，而豆类作物则大多不敏感。有资料表明，燕麦、菠菜、小麦和苜蓿等对缺铜很敏感；结球甘蓝、花椰菜、糖用甜菜和玉米等对缺铜中等敏感；而豆类、牧草和马铃薯等则对缺铜不敏感。

(2) 铜过量的危害性。对于一般作物来讲，当含铜量大于 20 mg/kg 时，作物就可能会中毒。铜中毒的症状是新叶失绿，老叶坏死，叶柄和叶片的背面出现紫红色。从外部特征来看，铜中毒很像缺铁，这可能是由于铜过多时，会引起铜从生理重要中心置换出其他的金属离子（如铁等）。植物对过量铜的忍耐能力有限，铜过量很容易引起毒害。例如，玉米虽是对铜敏感作物，但铜过多时，也易发生中毒现象。此外，菜豆、苜蓿、柑橘等对过量铜的忍耐力都较弱。铜对植物的毒害首先表现在根部，因为植物体内过多的铜主要集中在根部，具体表现为主根的伸长受阻，侧根变短。许多研究者认为，过量铜对质膜结构有损害，从而导致根内大量物质外溢。

**大豆缺铜症状**

新生叶失绿，卷曲；老叶枯萎，易出现坏死的斑点，但不失绿。

防止土壤铜污染的有效措施是根治污染源。土壤铜污染的改良，一般可采取给土壤增施有机质或碱性物质的方法来降低铜的有效性，减少植物对铜的吸收；也可通过增施氮或铁肥来缓解。但这些措施只能起到一定程度的调节作用。其次，采取客土、深翻等措施也能消除或部分消除铜污染。

## 五、植物钼营养

### 1. 植物中钼的含量和分布

植物含钼量低于其他矿质养分，通常仅为 0.1～1.0 mg/kg，但其变幅很大，有些豆科作物可高达几百毫克/千克。国内外资料表明，豆科作物含钼量大于禾本科作物，其平均含量分别为 0.5～2.5 mg/kg 及 0.3～1.4 mg/kg；而植物含钼量和植物的生长环境关系密切，如生长在中性和碱性土壤上的天然植物，平均含钼量为 11 mg/kg，而同一植物品种生长在酸性土壤或低钼土壤时，分别只有 0.9 mg/kg 和 0.2 mg/kg。豆科作物根瘤中钼的积累量很高，如豌豆根中钼的含量比叶片要高出 10 倍，这是因为根瘤有优先累积钼的特点。

### 2. 钼的生理功能

（1）钼是硝酸还原酶的组分。植物利用的氮源主要是硝态氮和铵态氮，但硝态氮必须还原为铵后才能同化为有机氮，因此硝酸还原是植物氮代谢的重要过程。钼是硝酸还原酶的组成成分，当供应钼时，该酶的活性增强，如从酶中除去钼，就会使酶丧失活性，再加入钼后又使活性恢复。

（2）参与根瘤菌的固氮作用。钼是固氮酶中钼铁氧还蛋白的组分。在固氮过程中，钼铁氧还蛋白直接和游离氮结合，因此它是固氮酶的活性中心。钼在固氮酶中也是起电子传递的作用。钼还能提高豆科作物根瘤中脱氢酶的活性，加大氢的流入，增强固氮能力。缺钼土壤施用钼肥，能明显促进固氮植物的生长，增加根瘤的干重，从而使其固氮能力也显著增强。

## 大豆缺钼症状

植株矮小，叶色褪淡，出现很多细小的灰褐色斑点，叶片增厚发皱，向下卷曲，根瘤发育不良。

（3）促进植物体内有机磷化合物的合成。钼与植物磷的代谢有密切关系。据报道，钼酸盐会影响正磷酸盐和焦磷酸酯一类化合物的水解作用，还会影响植物体内有机态磷和无机态磷的比例。缺钼时，体内磷酸酶的活性明显提高，使磷酸酯水解，不利于无机态磷向有机态磷的转化。在植物缺钼的情况下，施钼可使植物体内的无机态磷转化成有机态磷，而且有机态磷与无机态磷的比例显著增大。还应该指出，缺磷时，植物体内会积累大量钼酸盐，从而造成钼中毒。

（4）促进繁殖器官的发育。钼影响植物繁殖器官的生长发育。缺钼时，玉米植株抽雄延迟，花粉少，花粉粒小又不含淀粉，蔗糖酶活性很低，萌发能力差。

### 3. 植物缺钼和钼中毒症状

（1）植物缺钼症状。植物缺钼因作物种类不同，而有较大差异。缺钼的一般症状是：叶片出现黄色或橙色大小不一的斑点，有些叶缘向上卷曲而呈杯状，部分叶片的叶肉脱落或叶片发育不全。严重缺钼时，叶片退绿黄化，斑点变褐，叶缘萎蔫、枯焦而坏死。不同作物缺钼还表现出某些特殊的症状，如十字花科的花椰菜，其特异症状是“鞭尾症”。首先是叶脉间出现水浸状斑点，随后黄化坏死，破裂穿孔，孔洞继续扩大并连片，叶肉几乎丧失，而仅留中脉及其两侧的叶肉残片，使叶片呈鞭状或犬尾状。萝卜和叶菜类蔬菜严重缺钼也呈现类似的鞭尾状。柑橘则呈典型的“黄斑叶”，叶片脉间失绿变黄，或出现枯黄色斑点，严重时叶缘卷曲、萎蔫而枯死。禾本科作物不易出现缺钼症状，只有缺钼严重时才表现叶片失绿、黄化，叶尖及叶缘变灰，开花成熟延迟，子粒皱缩，颖壳生长不正常。

## 番茄缺钼症状

老叶首先明显黄化和出现杂色斑点，叶脉仍保持绿色。而后小叶叶缘向上卷曲，尖端皱缩和死亡，新生叶片也逐渐失绿。

对缺钼敏感的作物主要是十字花科植物、豆科作物和豆科绿肥作物；其次是柑橘、蔬菜作物中的叶菜类和黄瓜、番茄等。禾本科作物需钼较少。

（2）植株钼中毒症状。茄科植物对过量钼较敏感，表现为叶片失绿，番茄和马铃薯小枝上呈现红黄色或金黄色；花椰菜植株呈深紫色。植物的耐钼能力很强，对大多数植物而言，体内积累钼的浓度超过 100 mg/kg 时，通常看不到症状，只有超过 200 mg/kg 时才会抑制生长，并出现毒害症状。在同样的条件下，豆科作物对钼的吸收累积量比非豆科作物大得多。牲畜对钼非常敏感，牧草和饲料中的钼如超过 15～20 mg/kg 时食草动物就会中毒。中毒程度还与植株含铜量有关，如饲料植物缺铜更易引起钼中毒。已产生钼污染和牲畜钼中毒时，可采取以下措施：牧草地施用适量硫酸铜；在饲料中添加一定量的硫酸铜；在饲料中掺入低钼土壤上收获的牧草。

## 六、植物锰营养

### 1. 植物体内锰的含量和分布

植物体的正常含锰量一般为 20～100 mg/kg，但作物种类与生长条件不同，含锰量相差很大。如麦类作物籽粒、茎秆含锰分别为 16～40 mg/kg 和 30～350 mg/kg，而豆类作物籽粒、茎秆含锰分别为 14～80 mg/kg 和 110～130 mg/kg。锰在植物中的分布与作物种类及年龄有关。如小麦含锰量随年龄而降低，分蘖期为 55～57 mg/kg，返青至拔节期为41～44 mg/kg，抽穗期为 23～27 mg/kg，收获期为 20～25 mg/kg。一般小麦以叶片含锰量为最高，茎秆其次，穗部最低。大豆叶片中锰的浓度则在各生育期比较稳定，如苗期、结荚期及成熟期分别为 130 mg/kg、120 mg/kg 和 150 mg/kg，成熟期的茎与荚均只有 30 mg/kg。田间试验结果表明，高粱不同器官中锰的含量均随施锰而增加，且以叶鞘和叶片中增加最为显著，但其分布规律并不因施锰而改变，均以叶鞘、叶片最高，颖壳、籽粒、穗轴和茎秆的分布依次减少。

**水稻缺锰症状**

新叶脉间失绿，上部叶片有小褐斑，严重时斑点连成条纹。

### 2. 锰的生理功能

（1）直接参与光合作用。叶绿体中含锰量较高，它是维持叶绿体结构所必需的元素。叶绿体对缺锰最为敏感。在光合电子传递系统中，锰参与氧化还原过程。缺锰引起的光反应受阻，不仅光合速度降低，而且叶绿体的片层结构也逐渐受损，但线粒体等其他细胞器没有。

（2）参与酶的组成和激活剂。锰在植物代谢过程中起着多方面的作用，这些作用大多通过锰对酶功能的影响而实现。锰是超氧化物歧化酶的组成成分，该酶具有保护生物组织遭受氧自由基毒害的作用。同时，锰也是苹果酸脱氢酶、羟胺还原酶、二氧化碳还原酶的组成成分。锰是多种酶的活化剂，被锰活化的各种酶可促进氧化还原过程以及脱羧、水解或转位等反应。锰还可以活化核糖核酸聚合酶、二肽酶和精氨酸酶，这三种酶可促进氨基酸合成为肽，有利于蛋白质合成；此外，还能促进肽水解生成氨基酸，并运往新生的组织和器官，在这些组织中再合成蛋白质。

（3）促进种子萌发和幼苗生长。锰能促进种子发芽和幼苗早期生长，加速花粉萌发和花粉管伸长，提高结实率，也可提早幼龄果树的结实年限。

此外，锰对加强茎的机械组织及对维生素 C 的合成也有正面影响。组织培养还证实，锰有利于侧根形成及细胞伸长。缺锰时，侧根生长几乎完全停止，根系中无液泡的小细胞数量显著增加。这表明缺锰抑制了细胞伸长，而加速细胞分裂。

**大豆缺锰症状**

新叶变淡绿色，叶脉保持绿色，严重时老叶易早落。叶面不平滑，皱缩，出现枯焦的褪色斑点。

### 3. 植物缺锰和锰中毒症状

（1）植物缺锰症状。植物缺锰时，通常表现为新生叶片失绿并出现杂色斑点，而叶脉仍保持绿色。燕麦对缺锰最为敏感，常出现燕麦灰斑病，因此常用它作为缺锰的指示作物。植物缺锰的特征是首先新叶叶脉间呈条纹状黄化，并出现淡灰绿色或黄色斑点。严重时，叶片全部黄化，病斑呈灰白色而坏死，或叶片出现螺旋状扭曲，破裂或折断下垂。豌豆缺锰会出现豌豆杂斑病，并在成熟时种子出现坏死，子叶的表面出现凹陷。果树缺锰时，一般也是叶脉间失绿黄化（如柑橘）。缺锰有时会影响植物体的化学组成，如缺锰的植株中往往有硝酸盐的积累，向日葵缺锰时体内有氨基酸的积累，这些变化均可作为缺锰诊断的参考。

（2）植物锰中毒症状。锰中毒的典型症状是在较老叶片上有失绿区包围的棕色斑点，但更明显的症状往往是由于高锰诱发其他元素（如铁、镁和钙）的缺乏症。例如，皱叶病是一种常见的锰中毒的诱发症，即棉花、菜豆等双子叶植物的缺钙症。高锰还能增加生长素酶的活性，使新生组织中生长素含量降低，丧失顶端优势而侧枝增多，因而形成丛枝病，也是锰中毒的一个特征。

**玉米缺锰症状**

叶片柔软下披，新叶脉间出现黄绿色条纹，根纤细，长而灰白。

## 七、植物氯营养

### 1. 植物体中氯的含量与分布

氯广泛地存在于自然界中，植物不仅可通过根系从土壤中吸收氯离子，也可通过叶片从空气中吸收氯素。在已知的 7 种微量元素中，植物对氯的需要量最大。植物体内氯的含量一般为 1～20 g/kg，相当于大量元素的含量范围。但植物正常生长发育所需要的含氯量一般在 150～300 mg/kg 之间，相当于或稍高于铁的含量，而是钼的数千倍。氯在植物体内的分布主要集中在营养器官中，籽粒中含量很低。大豆植株中氯的分布为：根 1.5 g/kg、茎 3.3 g/kg、叶 4.3 g/kg、豆荚 1.0 g/kg、籽粒 0.3 g/kg 。施用含氯化肥后，各器官的含氯量均相应提高，但氯在各器官中的分布规律仍保持不变。

### 2. 氯的生理功能

（1）参与光合作用。在光合作用中，氯作为锰的辅助因子参与水的光解反应。研究表明，在缺氯的条件下，植物细胞的增殖速度降低，叶面积减少，生长下降，但氯并不影响植株的光合速率。由此可见，氯可能是含锰放氧系统中的一个辅助因子。

（2）调节细胞渗透压和气孔运动。植物吸收少量的阳离子如钾离子后，必须有相应的阴离子进行电荷补偿，以保持细胞内正负电荷平衡，从而产生膨压，促进植物的生长和发育。缺氯时，气孔就不能自如地开闭，而导致水分过多地损失。由于氯在维持细胞膨压、调节气孔运动方面有明显作用，因此能增强植物的抗旱能力。

（3）激活酶。在原生质内的液泡膜上存在着一种需要氯化物激活的酶。这种酶不受一价阳离子的影响，而专靠氯化物激活。缺氯时，植物根的伸长严重受阻，这与氯的上述功能有关。因为缺氯时，影响活性溶质渗入液泡内，从而使根的伸长受到抑制。

（4）抑制病害发生。施用含氯肥料对抑制病害的发生有明显作用。据报道，氯至少可以减轻 10 种作物 15 个品种的叶和根的病害，如冬小麦的全蚀病、条锈病，春小麦的叶锈病、枯斑病，大麦的根腐病，玉米的茎枯病，马铃薯的空心病、褐心病等。据研究，氯是硝化作用的抑制剂，当施入铵态氮肥时，氯使土壤中大多数铵态氮不能被转化，而迫使作物吸收更多的铵态氮；在作物吸收铵态氮肥的同时，根系释放出氢离子，使根际酸度增加，从而抑制某些病菌的滋生。施含氯肥料可降低作物体内硝态氮的浓度，一般认为硝态氮含量低的作物很少发生严重的根腐病。

（5）其他作用。氯化物能激活利用谷氨酰胺为反应物的天冬酰胺合成酶，促进天冬酰胺和谷氨酸的合成，这表明氯在氮素代谢过程中有重要作用。此外，适量的氯有利于碳水化合物的合成和转化。例如，氯能增加菜豆中碳水化合物、蔗糖和淀粉的含量。

#### 忌氯作物

有些植物对氯离子非常敏感，当吸收量达到一定程度时，会明显地影响产量和品质，通常称这些植物为忌氯作物。如烟草、马铃薯、甘薯、甘蔗、西瓜、葡萄、柑橘、甜菜、苹果、茶叶、白菜、辣椒、莴笋、苋菜等都是忌氯作物。

### 3. 植物缺氯及氯中毒症状

（1）植物缺氯症状。植物缺氯的一般症状为叶片萎蔫、小叶卷缩、失绿。番茄缺氯时，首先是叶片尖端出现凋萎，而后叶片失绿，进而呈青铜色，逐渐由局部遍及全叶而坏死。根系生长不正常，表现为根细而短，侧根少，植株不结实。甜菜缺氯的症状是叶细胞增殖速率降低，叶片生长明显缓慢，叶面积变小，并且叶脉间失绿。由于氯的供应来源广，仅大气、雨水中的氯就远远超过作物每年的需要量，即使在实验的水培条件下，由于目前空气污染后存在大量氯化物，使作物很难出现缺氯症状，因此在生产中很少有大面积缺氯的报道。

（2）植物氯中毒症状。土壤中含氯化物过多时，对某些作物的生长发育及其品质都是有害的。常见的氯中毒症状：叶尖、叶缘呈灼烧状，青铜病，早熟性发黄及叶子脱落。烟草氯中毒的症状是，移栽 20 天后，最大叶下面的叶片边缘出现卷曲状。水稻氯中毒则叶片呈“八”字形或斑点状暗紫褐色斑，分蘖减少，稻株柔弱，成熟延迟，穗小而短，空壳率高，产量明显降低。

## 思考题

1. 作物必需的营养元素的判断标准是什么？
2. 作物必需的营养元素有哪些？
3. 作物缺乏氮素的症状有哪些？
4. 作物缺乏微量元素的症状有哪些？

# 第三章 肥 料

**学习目标：**

- ◆ 学习肥料的概念及分类方法，了解肥料“三要素”对作物的意义。
- ◆ 学习有机肥及绿肥的相关问题，了解有机肥对农业生产的重要性。
- ◆ 学习化学肥料的知识，学会正确识别和使用各种化学肥料。
- ◆ 学会正确使用各种微生物肥料和叶面肥。

## 第一节 肥料的概念及分类

### 一、肥料的概念

中国是世界上施肥历史最长的国家。早在西周时期，人们就知道田间杂草腐烂后可以促进作物的生长，到战国时期已经开始重视农田施肥了。《荀子》中有“多粪肥田”的记载，《氾胜之书》详细记述了作物施基肥、种肥和追肥的方法。到了唐、宋时期，施肥经验日益丰富，从而总结出“时宜、土宜和物宜”的施肥原则，《陈旉农书》提出了“地力常新”的土壤培肥理论。那么究竟什么是肥料呢？科学家总结前人的研究，把肥料定义为凡是施入到土壤中或喷洒在作物叶片上，能直接或间接地供给作物养分，从而获得高产优质的农产品，或者能改善土壤的理化、生物性状，逐步提高土壤肥力，而不产生对环境有害的物质都称为肥料。

**肥料“三要素”**

作物对氮、磷、钾三种营养元素需求较多，而土壤中有效的氮、磷、钾又不能满足作物的需要，向土壤中施用含氮磷钾的肥料可以明显提高作物的产量，所以，人们称氮、磷、钾三种营养元素为肥料“三要素”。

## 二、肥料的分类

肥料是农业生产的物质基础。市场上的肥料分为有机肥、生物肥、化肥、叶面肥等。肥料的分类方法也很多，可以按照制造工艺分类，可以按照营养元素各类分类，可以按照作物的养分的需求量分类，等等。下面简单介绍几种肥料分类方法。

### 1. 按照肥料中养分的形态分类

按照肥料中养分的形态，可分为有机肥、无机肥、生物肥等。

（1）有机肥。主要来源于动物和植物，养分以有机形态存在，如人粪尿、家禽粪、绿肥、堆肥、沤肥、沼气肥等

（2）无机肥（化肥）。养分呈无机盐形态存在，由物理、化学或工业方法制成，如尿素、磷酸铵、氯化钾、硫酸钾、硫酸铵、过磷酸钙等。

（3）生物肥。含有活的微生物的肥料，如土壤磷素活化剂、生物钾肥等。

#### 有机肥与无机肥的比较

1. 有机肥含有丰富的有机质，具有改土作用；无机肥只能提供矿质营养，无改土作用。

2. 有机肥含多种养分，但含量不高；无机肥养分单一，但养分含量高。

3. 有机肥释放慢，肥效长；无机肥养分释放快，肥效短。

4. 有机肥种类多，成分复杂，一些有机肥有臭味、病原菌、寄生虫等；化肥则没有。

### 2. 按照作物对养分的需求量分类

按照作物对养分的需求量，可分为：大量元素肥料、中量元素肥料和微量元素肥料。

（1）大量元素肥料。氮肥、磷肥和钾肥。

（2）中量元素肥料。钙肥、镁肥和硫肥。

（3）微量元素肥料。硼肥、锌肥、钼肥、铜肥等。

### 3. 按照肥效分类

按照肥效分类，可分为速效肥料和缓效肥料。

（1）速效肥料。施入土壤后，养分迅速被作物吸收的肥料，如磷酸铵、氯化钾、硫酸钾等。

（2）缓效肥料。养分能在一段时间内释放，供给作物持续吸收的肥料。缓效肥料分为缓释肥和缓溶肥两种。

1）缓释肥。在水溶性肥料的外面包一层半透明或难溶性的膜，使养分透过这层膜缓慢释放出来，如硫衣尿素。

2）缓溶肥。通过化学方法降低肥料的溶解速度，达到长效性目的，如尿甲醛、尿乙醛等。

#### 4. 按照肥料中所含养分的数量分类

按照肥料中所含养分的数量，可分为单质肥料、复合肥料和混合肥料。

（1）单质肥料。仅含有氮、磷、钾三种养分中的一种的氮肥、磷肥或钾肥，如尿素、氯化钾、过磷酸钙等。

（2）复合肥料。由化学方法制成，含有氮、磷、钾三种养分中至少两种的肥料，如磷酸铵、硝酸钾、磷酸二氢钾等。

（3）混合肥料。将两种或两种以上氮、磷、钾单一肥料机械混合；或者用复合肥料与氮、磷、钾单一肥料中的一种或两种混合制成的肥料，如各种专用肥料。

### 肥料登记管理办法对肥料标签的要求

按照我国《肥料登记管理办法》的要求，我国实行肥料产品登记管理制度，未经登记的肥料产品不得进口、生产、销售和使用，不得进行广告宣传。而且，肥料产品包装应有标签、说明书和产品质量检验合格证。标签和使用说明书应当使用中文，并符合下列要求：

1. 标明产品名称、生产企业名称和地址；
2. 标明肥料登记证号、产品标准号、有效成分名称和含量、净重、生产日期及质量保证期；
3. 标明产品适用作物、适用区域、使用方法和注意事项；
4. 产品名称和推荐适用作物、区域。产品名称应与登记批准的一致。

#### 5. 按照肥料的状态分类

按照肥料的状态，可分为固体肥料、液体肥料和气体肥料。

（1）固体肥料。常温常压下呈固体状态的肥料，如尿素、磷酸二铵、氯化钾、硫酸钾等。

（2）液体肥料。常温常压下呈液体状态的肥料，如液氨、氨水等。

（3）气体肥料。常温常压下呈气体状态的肥料，如二氧化碳等。

#### 6. 按照肥料的化学性质分类

按照肥料的化学性质，可分为酸性肥料、碱性肥料和中性肥料。

（1）酸性肥料。水溶液呈酸性的肥料，如磷酸二氢钾、过磷酸钙、硫酸铵、氯化铵、磷酸一铵等。

（2）碱性肥料。水溶液呈碱性的肥料，如碳酸氢铵、草木灰、磷酸二铵、生石灰等。

（3）中性肥料。水溶液呈中性的肥料，如氯化钾、硫酸钾等。

### 三、肥料养分在土壤中的去向

对于氮、磷、钾三种养分来说，其去向主要有：作物吸收、进入水体、淋失、气态挥发、土壤中残留等。不同的养分去向也不相同。

对于肥料中的氮素来说，淋失、进入水体和土壤残留部分较少，作物吸收和气态损失所占的比例较大。尤其是在石灰性土壤上表施氮肥，其损失率占全部养分的50%左右。

对于磷肥来说，淋失较少，也不存在气态损失问题，其主要去向是作物吸收和土壤残留。通常当季作物磷肥利用率很低，施肥量的80%以上残留在土壤中。

对于钾肥来说，也不存在气态损失问题，淋失和土壤残留占40%～50%。

## 第二节　有机肥和绿肥

### 一、有机肥

在农业生产中，有机肥是一种重要肥料，我国几千年的施肥传统就是通过施用有机肥来培肥地力和提高作物产量。利用好有机肥，不仅是农业可持续发展的关键，也是环境保护的关键措施。虽然有机肥肥效缓慢，但它可以均衡地供给作物各种养分，在培肥地力、增加作物产量、改善作物品质方面具有重要作用。

近年来，在我国的农业生产中，有机肥用量逐年减少，致使土壤渐渐出现各种养分缺乏的现象，土壤中养分比例失调，已经成为农业生产的制约因素。要大力发展有机肥料，就必须采取多种措施，提高城市人粪尿和有机废弃物的利用率，提高畜禽粪便的利用率，同时做到有机肥与化肥相配合，发挥有机肥肥效长和化肥肥效快的优势。这样既可以促进农业增产，又可以培肥地力，还可以改善生态环境，一举数得。

**有机肥需要腐熟**

有机肥料中含有许多纤维素、半纤维素、氨基酸等，必须经过微生物的分解，才能被植物吸收利用。有机肥腐熟的目的：一是可以使其中的养分转化为速效养分，二是可以消灭传染性病菌、寄生虫卵和杂草种子，使有机肥无害化。

#### 1. 有机肥在农业生产中的作用

有机肥在农业生产中有以下作用：

（1）改良土壤，提高土壤肥力。有机肥虽然肥效慢，但有机质丰富，养分全面，而且来源广泛，数量庞大。施用有机肥，可以提高土壤有机质含量。有机质可以改善土壤理化性状，促进土壤团粒结构形成，改善土壤的通气透水性，提高土壤保肥保水能力。有机质还可以为微生物提供营养，使土壤微生物大量繁殖。微生物通过其生命活动，加强有机物的分解和转化，使土壤熟化。有机物料中含有大量的酶，施入到土壤中，可以大大提高土壤酶的活性，加快土壤中的物质转化，提高土壤的吸收性能、缓冲性能和抗逆性能。因此，有机质在培肥地力方面具有十分重要的作用。

（2）提高作物产量，改善作物品质。有机肥不仅含有氮、磷、钾等营养元素，还含有各种微量元素、糖类和脂肪等。有机肥矿化后释放出的养分可以直接被作物吸收，产生的矿质元素和二氧化碳能直接为作物提供无机营养和能量。有机肥中还含有多种维生素、酶、生长素和叶酸等，可以促进作物生长和提高抗逆性。根据多年试验的结果分析，连续施用有机肥，可以明显提高作物产量，尤以有机、无机肥配合施用增产效果最好。合理施用有机肥，能明显提高作物的品质，降低农产品中硝酸盐的含量。

（3）减少污染，改善生态环境。农业废弃物是农村环境污染的主要因素。将农业废弃物作为有机肥料施入田间，可以有效地净化农村生态环境。而且，有机肥经腐化分解产生的腐殖酸，能吸附外界进入土壤的各种污染物，降低污染物在土壤中的活性，减轻污染物对作物的危害。

### 有机肥腐熟的条件

有机肥腐熟实际上是土壤微生物的生命活动过程，影响微生物生命活动的因素也是影响有机肥的腐熟的因素。

水分：通常情况下，适宜的水分含量是有机肥料最大持水量的60%～65%，即加水到手握成团，触之即散的状态。

氧气：如果通气不良，有机肥料腐解缓慢，通气过高又会造成有机肥料强烈分解，导致水分和养分损失。

温度：高温阶段控制在50～65℃，后期保温阶段以控制在30℃左右为宜。

酸碱度：最适宜的酸碱度是中性或微碱性。

C/N：通常情况下C/N调节到40～45∶1最适宜。

#### 2. 有机肥的种类

按照其来源和积制方法，可以分为粪尿类、堆沤肥类、绿肥类和杂肥类四类。

（1）粪尿类。包括人粪尿、牲畜粪尿和家禽粪等，是人类及畜禽等的排泄物，含有丰富的有机质和各种营养元素，是重要的有机肥源。粪尿类有机肥的养分含量及特点见表3—1。

**表 3—1　　　　粪尿类有机肥的养分含量及特点（%）**

| 种类 | | 水分 | 有机质 | N | $P_2O_5$ | $K_2O$ | 特点 | 适用范围 |
|---|---|---|---|---|---|---|---|---|
| 人 | 粪 | >70 | 约 20 | 1.00 | 0.50 | 0.37 | C/N 较小，易分解，以氮为主，肥效快 | 除盐碱土和“忌氯”作物外，均可用 |
| | 尿 | >90 | 约 3 | 0.5 | 0.13 | 0.19 | | |
| 猪 | 粪 | 81.5 | 15.0 | 0.6 | 0.40 | 0.44 | C/N 小，易分解，氮磷钾含量高，有效性高 | 适合各类土壤和作物 |
| | 尿 | 96.7 | 2.8 | 3.0 | 0.12 | 0.95 | | |
| 马 | 粪 | 75.8 | 21.0 | 0.58 | 0.30 | 0.24 | C/N 高于猪粪，分解慢，肥效迟，分解可放出大量热量，属热肥料 | 适合质地黏重的土壤及低洼地，冷浆土壤 |
| | 尿 | 90.1 | 7.1 | 1.20 | 微量 | 1.50 | | |
| 牛 | 粪 | 83.3 | 14.5 | 0.32 | 0.25 | 0.16 | C/N 大，分解慢，含氮量低，属冷性肥料 | 适合砂性土壤 |
| | 尿 | 93.8 | 3.5 | 0.95 | 0.03 | 0.95 | | |
| 羊 | 粪 | 65.5 | 31.4 | 0.65 | 0.47 | 0.23 | C/N 大，分解慢，氮钾含量高，属热性肥料 | 适合各种土壤 |
| | 尿 | 87.2 | 8.3 | 1.68 | 0.03 | 2.10 | | |

牲畜粪尿与各种垫圈物料混合堆沤后的肥料叫厩肥。厩肥的养分含量因家畜种类、饲料质量和垫圈物料的不同而异。平均每吨厩肥含氮约 5 kg、磷约 2.5 kg、钾约 6 kg。

厩肥当季利用率不高，但后劲较足，长期施用对改善土壤结构，提高土壤肥力具有十分重要的作用。

粪尿类肥料的施用方法因作物种类、土壤肥力状况及肥料性质不同而异。一般情况下，家畜尿宜做追肥，家畜粪宜做基肥，粪尿积制的厩肥宜做基肥。在高温多雨季节，可施用半腐熟厩肥；低温季节则施用腐熟厩肥。生长期短的作物宜施用腐熟厩肥。应该注意：半腐熟厩肥不可与根和种子接触，防止烧苗。在冷浆土壤上，宜施用马粪等热性肥料，以提高土壤温度，促进幼苗生长。

（2）堆肥和沤肥。堆肥和沤肥主要是为了将有机物料腐熟，以释放养分、杀灭虫卵和各种致病菌、杀死杂草种子，使肥料无害化。

### 堆肥的养分含量

高温堆肥：有机质 24%～42%、氮 1.05%～2.00%、磷 0.32%～0.82%、钾 0.47%～2.53%。

普通堆肥：水分 60%～75%、有机质 15%～25%、氮 0.4%～0.5%、磷 0.18%～0.26%、钾 0.45%～0.70%。

堆、沤肥的原料有三种：一种是不易分解的物质，如秸秆、杂草、垃圾等；一种是促进分解的物质，如粪尿、污水、少量化肥及能中和酸度的物质；一种是吸收性强的物质，如草炭、秸秆粉、黏土等。通常北方堆肥，南方沤肥。

1）堆肥。堆肥是在有氧条件下，将有机物料堆腐而成有机肥料，实质是微生物分解有机物的过程。堆肥腐熟的速度，与堆肥中微生物活动密切相关。堆肥腐熟的最适条件如下：

水分：60%～75%最好。

通气状况：堆肥时可用通气沟调节堆肥的通气状况，以使堆肥产生高温，达到无害化。

温度：当堆肥温度上升到 50℃以上后，保持一周，然后降到 40℃左右的中温。高温可使微生物强烈分解有机物，中温有利于氨化和养分的释放。

酸碱度：以 pH 值 6～8 为宜。微生物生命活动的适宜条件是中性或微碱性，秸秆堆沤时，可在其中加入少量石灰或草木灰，也可以加入一些磷矿粉或窑灰钾肥，既可以调节 pH 值，又可以破坏秸秆表面的蜡质，有利于吸水。

C/N：微生物分解有机质适宜的 C/N 是 25∶1，而秸秆的 C/N 较大，在堆腐过程中，应加入人粪尿或少量氮肥，满足微生物生命活动的需要。

## 堆肥的堆制方法

1. 高温堆肥。原料：1 000 kg 铡成 5 cm 长的玉米秸秆、600 kg 新鲜骡马粪、200 kg人粪尿、1 500～2 000 kg 水。将原料按比例混匀堆制。堆高 1.5～2 m、堆宽 2～4 m，堆长视情况而定，堆好后用稀泥封堆。高温期 10～15 天进行第一次翻堆后，再加水封堆。第二次高温期 10～15 天再翻一次堆。大约一个月可腐熟。

2. 普通堆肥。原料：玉米秸、骡马粪、人粪尿、细土按 3∶1∶1∶5 的比例混合，调节水分，使原料含水量达到 50%左右，逐层堆积。堆高 2 m、堆宽 3～4 m，堆长视情况而定。在堆上设通气孔。一个月翻一次，使内外材料腐熟一致。

堆肥腐熟程度可以从堆肥颜色、软硬度和汁液颜色来判断。通常情况下，半腐熟堆肥颜色暗黄、汁液棕色，秸秆较易拉断、有臭味。腐熟的堆肥颜色黑褐、汁液淡棕或无色，秸秆很易拉断，体积下降 1/2～1/3。

堆肥的施用方法与厩肥一样，可做基肥，每公顷用量为 22 550～37 500 kg。

2）沤肥。沤肥是在嫌气条件下，将有机物料分解腐熟而成的有机肥料。沤肥与堆肥的原料基本一样，不同之处在于，沤肥是在淹水条件下，常温发酵而成。一般在田边、地头挖坑沤制。沤制前要把原料切碎切细，并在沤坑里加入少量人粪尿或适量石灰、速效氮肥，并及时翻堆，以促进有机物料的分解。

沤肥是在相对低温、嫌气条件下腐熟的，分解速度慢，氮损失较少，腐殖质积累多。

沤肥一般做基肥，每亩用量为 30 000～37 500 kg。沤肥肥效长，但供肥不强，应与速效肥料结合施用。

## 沤肥的养分含量

沤肥的有机质含量一般为2%～8%、全氮0.10%～0.40%、全磷0.14%～0.26%、全钾0.3%～0.5%。速效氮、磷、钾的含量为50～248 mg/kg、17～278 mg/kg和65～185 mg/kg。

(3) 秸秆还田。秸秆中含有丰富的营养元素，其中的有机质又可以改善土壤的理化性状，提高土壤肥力，所以说秸秆在农业生产中起着十分重要的作用。

作物秸秆因种类不同，所含养分量也不同。豆科作物秸秆含氮较多，禾本科作物秸秆含钾较多（主要作物秸秆养分含量见表3—2）。

**表3—2　　主要作物秸秆养分含量**

| 秸秆种类 | 营养元素含量（占干物重%） | | | | |
|---|---|---|---|---|---|
| | N | $P_2O_5$ | $K_2O$ | Ca | S |
| 麦秸 | 0.50～0.67 | 0.2～0.34 | 0.53～0.60 | 0.16～0.38 | 0.123 |
| 稻草 | 0.63 | 0.11 | 0.85 | 0.16～0.44 | 0.112～0.189 |
| 玉米秸 | 0.48～0.50 | 0.38～0.4 | 1.67 | 0.39～0.80 | 0.263 |
| 豆秸 | 1.3 | 0.3 | 0.5 | 0.79～1.50 | 0.227 |
| 油菜秸 | 0.56 | 0.25 | 1.13 | — | 0.348 |

秸秆还田的方式有很多种：堆沤还田、过腹还田、烧灰还田和直接还田。堆沤还田就是将秸秆制成堆肥、沤肥和沼气肥还田；过腹还田是把秸秆作为饲料，然后将牲畜粪尿制成肥料还田；烧灰还田是将秸秆焚烧后将草木灰作为肥料还田。秸秆直接还田有两种方式：翻压还田也就是将秸秆粉碎撒施或留高茬直接翻压入土；覆盖还田就是将秸秆直接覆盖在地表或留高茬覆盖还田。

在秸秆直接还田时要注意以下几点：

1）秸秆预处理。将秸秆先行切碎后撒施或将前茬留高茬，翻压入土。

2）掺加化肥。为避免微生物分解秸秆时与作物争夺养分，在秸秆还田时要加入适量的含氮、磷的速效化肥，促进微生物活动，加快秸秆分解。一般每公顷施用碳酸氢铵150～225 kg和过磷酸钙225～300 kg。

3）秸秆用量。通常秸秆用量为每公顷1 500～3 000 kg。如果土壤养分含量低，化肥施用量少，距离播种期较近时，可减少秸秆用量。如果土壤养分含量高，化肥施用量多，距离播种期较远时，可全田翻压。

4）耕翻时期和深度。在作物收获后应立即翻压入土，以减少秸秆水分的损失，有利于分解。一般在播前40天左右还田即可，深度水田以10～1 3 cm为宜，旱田以17～22 cm为宜。

5）土壤水分。土壤水分状况可以影响秸秆分解速度，所以应保持土壤足够的含水量，若水分不足，可以灌底水。

### 秸秆综合利用

在发达国家，通过科技进步与创新，对农作物秸秆进行了综合开发利用，除传统的将秸秆粉碎还田作有机肥料外，还走出了秸秆饲料、秸秆汽化、秸秆发电、秸秆乙醇、秸秆建材等新路子，大大提高了秸秆的利用价值和利用率。

6）剔除病害秸秆。有病害的秸秆会引进病害的传播，所以在还田时应该剔除还有病害的秸秆。

（4）其他有机肥

1）家禽粪。我国年养家禽 30 多亿只，年总排泄 1 500 万吨以上，按养分含量 3%计算，相当于氮、磷、钾肥 225 万吨。这是很可观的肥源，应该充分利用。而且，禽粪养分高，施用禽粪的农产品品质高于其他有机肥。

2）饼粕类。我国饼粕种类较多，大豆、花生、芝麻、油菜、向日葵等榨油后的饼粕都是优质的肥料和饲料。大部分饼粕先做饲料后做肥料，大大提高了饼粕的利用率。

3）沼气发酵肥料。作物秸秆与人畜粪尿在密闭条件下发酵制取沼气后的剩余部分，可作为有机肥料应用。不但可以提供沼气做燃料，还可以驱除粪臭和杀灭虫害，值得提倡。

沼气发酵肥的沉渣宜做基肥施用，发酵液可做追肥施用。

4）泥炭及腐殖酸类肥料。泥炭不但是重要的有机肥源，还是制造腐殖酸类肥料的重要原料。泥炭是沼泽植物残体在长期淹水条件下形成的一种较为稳定的有机物堆积层，主要由未完全分解的植物残体、腐殖质和矿物质三部分组成。富含有机质和腐殖酸，有机质含量一般为 40%～70%，腐殖酸含量为 20%～40%。泥炭可以直接施用，也可以作为垫圈或堆肥的材料，还可以作为肥料生产的原料或营养钵无土栽培的基质。

腐殖酸类肥料兼有无机肥料和有机肥料的某些特点，一般含腐殖酸 20%以上。可作基肥与其他有机肥料和速效化肥配合施用，也可以在早期作追肥施用，还可以浸种、蘸根、浇根或喷施。

### 商品有机肥

近年来，在我国农业生产中有机肥投入逐年减少，主要原因是传统有机肥养分含量低，体积大；劳动效率低，强度大；无害化程度低，污染大。因此，有机肥料商品化已经成为有机肥发展的必然趋势。

目前市场上的有机肥主要有天然有机肥、有机（无机）复混肥、生物有机复混肥。

5）城镇废弃物。城镇居民日常生活的各种废弃物含有一定的有机物和矿物质，经适当处理后也可以作为肥源，用于农业生产。

城镇污水含氮较多，含磷、钾和有机质较少，经净化处理后可以用于灌溉。但生食蔬菜、瓜果不宜用污水灌溉。

污水净化过程中沉淀出的污泥可以用于林地、草地、大田作物和果树等作为基肥，但在蔬菜地和当年放牧的草地上不宜施用。

城镇垃圾中含有机物和氮、磷、钾等速效养分，经堆腐等无害化处理后可直接作为肥料施用，一般用作蔬菜地或大田作物的基肥，并配施速效性肥料，增产效果显著。

## 二、绿肥

将绿色植物全部或部分翻压入土作肥料，这些绿色植物就是绿肥。用作绿肥的植物称为绿肥植物，多数是豆科作物，既可作肥料亦可做饲料。

### 1. 绿肥的种类和特性

（1）绿肥的种类。绿肥种类很多，种植利用方式也各不相同。

按来源可分为野生和栽培两种。凡是在农田中种植的绿肥作物，都叫做栽培绿肥。利用天然生长的野生植物作肥料的，称为野生绿肥。

按植物学特性可分为豆科和非豆科绿肥。豆科作物是主要的绿肥作物，可通过根系共生的根瘤菌固定氮素，为作物提供氮营养。非豆科绿肥虽不能固定氮素，但因其可以或解磷、或解钾、或耐盐、或耐旱等，因此生产上一直在使用。

按种植季节可分为冬季绿肥、夏季绿肥和多年生绿肥。冬季绿肥一般冬季种植，第二年利用。夏季绿肥一般春夏季种植，秋冬季利用。多年生绿肥一般生长年限较长，可多次刈割作肥料，多与农作物轮作种植。

### 我国发展绿肥的巨大潜力

我国有大量的冬闲田，有可利用的作物茬口间隙，有果桑茶烟等经济作物行间空地，同时有大量可以利用间、套、混作发展绿肥的中低产耕地。我国可以利用绿肥的传统及潜在农区、经济园林约0.5亿公顷甚至更多，假如能实现30%左右的种植目标，就可以将全国绿肥种植面积恢复到0.15亿公顷。

除耕地外，我国还有大量的无林地、荒漠化土地和沙化土地。绿肥多数是豆科作物，具有固氮特性，在一些土质较差的地区，比其他作物生长好，在这些地区发展绿肥生产同样大有可为。理论上，若将我国无林地全部绿化，30%左右的荒漠化土地和沙化土地种植豆科绿肥，再加上农区和经济林园的潜力，绿肥总面积可达2.1亿公顷。

（2）绿肥的特点

第一，绿肥可以为农作物提供养分。新鲜绿肥翻入土壤中，可以迅速分解释放出养分供作物吸收利用。绿肥作物还可以促进养分的循环和转化，使土壤中的养分不断富集。

第二，绿肥可以改善土壤理化性质，增加土壤有机质积累，提高土壤保肥保水性能。

第三，许多绿肥作物可以在不良的土壤环境中生长，可以改良土壤。

种植绿肥还可以减少养分的损失，改善农作物的茬口，减少作物因连续多年种植而发生病害的概率。

**2. 常用绿肥作物**

（1）紫云英。紫云英又叫红花草，豆科一年生或越年生的草本植物。适宜在凉爽季节种植在排水良好的土壤上。适宜生长温度为15～20℃，气温低到10～－5℃时易受冻害。紫云英固氮能力较强，但对根瘤菌要求专一，在未种植过的农田，要拌根瘤菌种植。一般在秋季种植，用作早稻的基肥。

（2）毛叶苕子。毛叶苕子又叫毛巢菜、长柔毛野豌豆，豆科一年生或越年生草本植物。具有较强的抗寒和抗旱能力，适宜生长温度为15～20℃，能耐短时间低温，在排水良好的壤土上生长最好。一般用于稻田复种或麦田间套种，也间种于中耕作物行间或果园中，不适宜北方种植。

## 绿肥混种可以增产的原因

1. 混播可以发挥不同种类绿肥的生物特性，充分利用自然条件。
2. 各种绿肥作物根系生态不同，能更好地改良土壤。
3. 更好地抵抗自然灾害，保收保种，稳产高产。
4. 调节后作物养分供应，以利增产。

（3）兰花苕子。兰花苕子又叫兰花草，豆科一年生或越年生草本植物。不耐寒，在－3℃就受冻害。适宜生长温度10～17℃。耐湿性强但不耐旱，可在酸性土壤中生长。一般用于稻田秋播或在中耕作物行间间种。

（4）箭舌豌豆。箭舌豌豆又叫大巢菜、野豌豆，豆科一年生或越年生草本植物。适应性较广，较耐旱但不耐湿，不耐盐碱。在－10℃短期低温下可生存。种子中含有氢氰酸，人畜过量食用会中毒，可通过蒸煮或浸泡脱毒。多用于稻、麦、棉复种或间套种，也可在果园中种植。

（5）香豆子。香豆子又叫香草，豆科一年生直立草本植物。植株和种子都可以食用，是天然香精的重要原料，还是重要的药材。不耐高温，喜肥力高和排水良好的土壤。不耐盐碱，不耐寒，在－10℃低温条件下难以生长。多用于夏秋麦田复种或早春稻田前茬种植，也可在中耕作物行间间种。

（6）金花菜。金花菜又叫黄花苜蓿、草头，豆科一年生或越年生草本植物，其嫩茎叶可食用，经济价值较高。喜暖湿气候，耐轻度盐碱和酸性，但耐旱、耐寒和耐涝能力较差，喜肥水，主要用于稻田、棉花、果园等种植。

（7）豌豆。豌豆是豆科一年生或越年生草本植物，可粮、菜、肥兼用。喜凉湿气候，在−8～−4℃低温下可生存。喜肥水，但不耐涝，若排水不良会造成死亡，干旱时生长缓慢。主要用于中耕作物间种或稻田、棉田前茬。

## 绿肥的肥效特点

1. 豆科绿肥氮多，磷、钾（特别是磷）少。非豆科绿肥氮、磷钾数量较均衡，水生绿肥一般养分含量较少。

2. 绿肥的分解与腐殖化。翻埋后的绿肥分解速率一般在最初三个月内，特别是第一个月内最大，以后逐渐变慢，首先分解的是水溶性的物质，苯醇溶性物质、蛋白质等，半纤维素、纤维素分解较慢，而木质素最难分解。

（8）蚕豆。蚕豆又叫胡豆、罗汉豆，豆科一年生或越年生草本植物，可粮、菜、肥兼用。喜暖湿气候，喜肥水，不耐旱也不耐涝。青荚可作蔬菜，茎秆和残体作肥料，主要用于稻麦田间套种或中耕作物行间间种。

（9）草木樨。草木樨又叫野良香、野苜蓿，豆科一年生或两年生直立草本植物。耐寒、耐旱、耐盐碱能力强，在贫瘠的土地上可正常生长。是优质绿肥，也是重要的饲料，但在高温下饲草会霉烂病质，牲畜食用后会中毒。主要用在玉米、小麦间种或复种，也可在林间种植。

（10）绿豆。绿豆是豆科一年生草本植物，可粮、肥兼用。喜暖湿气候，生育期间要求较高的气温，最适温度 25～30℃。不耐低温，遇霜即凋萎。但耐湿，耐瘠薄。一般间种在中耕作物行间或麦田复种。

（11）沙打旺。沙打旺又叫地丁、麻豆秧、薄地犟，豆科多年生直立草本植物，是肥料和饲料兼用作物。适应性强，抗寒、抗旱、抗风沙、耐瘠薄，但不耐涝。主要用于粮食轮作或在林果间或坡地上种植。

### 3. 绿肥的作用

（1）为作物提供养分，增加产量。许多豆科绿肥作物可以固定空气中的氮为作物所用，其根系可以吸收下层土壤中的养分，还可以吸收土壤矿物质中的磷和钾，使养分在上层土壤中富集和转化。当绿肥作物翻压后，这些养分迅速分解，为后茬作物提供养分，增加了作物产量。翻压后的绿肥不仅对第一茬作物有效，而且对以后 2～3 年内的作物都有效，持效期长。绿肥作物地上部分分解作饲料，或收籽后其根茬和残体做肥料仍有显著的增产效果。

（2）提高土壤肥力

1）绿肥可以增加土壤有机质含量。绿肥作物均含有丰富的有机质，施入土壤中可以增加土壤有机质含量。虽然绿肥翻压后大部分分解，释放出养分，但仍有一部分积累在土壤中，使土壤有机质含量增加。

绿肥翻压后，在一定的土壤水分条件下分解，在其分解过程中，会激发土壤有机质的矿化。绿肥压入量与土壤有机质激发量成正比，压量少，积累有机质量低，激发率也低；反之，有机质积累量多，激发率也高。但无论压入量为多少，都会增加土壤有机质的积累。

2）绿肥作物可以改善土壤结构，增加土壤养分含量。种植绿肥，可以利用生物固氮来增加土壤氮素含量，其发达的根系可以将耕层下部的养分转移、集中到地上部。部分绿肥作物甚至可以吸收难溶磷酸盐中的磷，待自身腐烂分解后将这些养分转化成有效态，供下季作物利用。所以绿肥可以改善土壤的理化性状，促进土壤微生物的繁殖，促进土壤中的物质转化，提高土壤原有养分的有效性，有利于下茬作物的生长发育。

## 绿肥的栽培要点

1. 选择优良品种。不同的绿肥种类、品种对环境的适应性不同，要根据气候、土壤、耕作、茬口等条件选择适宜的品种，这是绿肥高产的前提。

2. 播种。根据不同品种绿肥的种子特点，采取相应的种子处理方法，并适时播种。

3. 合理施肥。豆科绿肥要增施磷钾肥，配施少量钼肥、硼肥。

4. 混播。为了改善绿肥品质、提高产量，将豆科绿肥与非豆科绿肥混播。

5. 留种。留种田要选择地势高、土壤肥力好、灌排方便、不连作地块，播种量为鲜草田的2/3，精细管理，及时收种。

(3) 绿肥可以防止土壤侵蚀。裸地经常会因风沙侵蚀、雨水冲刷而造成水土流失。种植绿肥，可以增加地面的覆盖，减少土壤表面水的径流和水分蒸发。同时，绿肥作物发达的根系还可以起到固沙护坡的作用，可以保护农田，减少水土流失。

(4) 绿肥作物可以用作优质饲料，发展畜牧业。许多绿肥作物的茎叶含有丰富的营养，可以作为饲料喂养牲畜，牲畜的粪尿又可作为肥料，培肥土壤，一举两得。

(5) 绿肥有利于调剂茬口，减少病虫害的发生。许多作物连年种植会增加病虫害的发生率，有些绿肥作物是害虫天敌的宿主，对防止病虫害的发生有一定作用。

### 4. 绿肥的种植方式

种植绿肥需要占用一定的土地、时间和光热资源。这在一定程度上与农作物生产发生矛盾。只有充分利用农作物生产期以外的时间和空间发展绿肥，才能协调绿肥作物与主作物争地的矛盾，把用地与养地有机结合起来。我国从南到北，农作物种植方式不同，绿肥的种植利用方式也不同。

（1）南方稻田冬绿肥种植。在南方实行水稻和旱作一年两熟或三熟制的地区，利用冬闲地种植绿肥，不仅充分利用了土地资源，提高土地生产力，同时可以为下茬水稻提供丰富的养分和改良土壤。

（2）北方套、复种绿肥。在东北和西北一年一熟的小麦产区，麦收后有 2～3 个月休闲期。利用这一休闲期种植一季绿肥，可以充分利用土地和光能资源，既能增产增收，又能培肥改土。

## 绿肥的利用方式

1. 直接耕埋，为土壤直接提供有机质。

2. 堆、沤肥，可以提高绿肥的肥效，有利于储存。

3. 饲、肥兼用，绿肥中的各种氨基酸和维生素可能为牲畜提供营养。过腹还田还可以提高绿肥的利用效率。

（3）中耕作物间、套种绿肥。在同一块田间，与主栽作物同时或先后间隔种植绿肥。这种方式可以减少主作物与绿肥争地的矛盾，提高土地利用率，又有利于作物互相促进，获得较高的总产量。

（4）粮食作物与绿肥轮作。在我国半干旱瘠薄地区，为了增肥改土，经常采用绿肥与粮食作物轮作的方式。轮作的绿肥有多年生的苜蓿、沙打旺等，还有生长期短的草木樨等。

（5）经济林园绿肥种植。在一些立地条件差的果园，利用果树行间空间大、争地矛盾小的特点，种植绿肥直接翻压或覆盖地面，以改善果树的土壤条件和生态环境，提高果品产量和质量。

### 5. 绿肥的合理施用

（1）绿肥的翻压期和翻压量。翻压绿肥要适时，才能充分发挥其肥效。翻压过早，养分释放高峰提前，作物不能及时吸收利用，不仅起不到绿肥应有的肥效，还会造成养分损失。翻压过晚，往往影响后茬作物的播种和生长，以及导致作物前期养分供应不足、后期养分偏高而贪青晚熟和倒伏。适时翻压，首先要考虑下茬作物的播种期，即绿肥作物翻压后，要有足够的时间进行整地，使后茬作物能适时播种。在后茬作物播种期允许的范围内，要让绿肥作物充分生长，以积累较多的有机物和养分，利于均衡供肥。

## 绿肥与化肥

一亩绿肥可固氮（N）10 kg，活化、吸收钾（$K_2O$）8 kg，替代化肥的效果明显。化肥的合理使用是在有限的元素间搭配，难以解决作物的所有需求，特别是对于土壤综合肥力的需求；绿肥可以弥补这些不足，提供大量的有机质，改善土壤微生物性状，从而改善土壤质量。

绿肥翻压量对肥效的影响同样显著。在一定范围内，其增产改土效果随着绿肥压入量的增加而增加。但翻压量过大也会产生不良效果，尤其是水田。水田绿肥是在嫌气条件下分解的，易产生有机酸和有害气体。土壤中氧气缺乏，硫化物还原产生过量的硫化氢气体，使水稻根系受害，水稻萎缩，很少发新根。在北方旱田，通气性好，翻压绿肥后产生有毒物质的现象不明显，但翻压量过大对耕翻和整地不利，甚至会影响后茬作物出苗。压量过大，养分不能充分利用，也会造成损失。所以，一般压量不要超过 2 000 kg/亩。

(2) 绿肥与化肥配施。绿肥翻压后矿化较快，一般 30～40 天就有 60%左右的有机物分解矿化，为前期作物生长提供充足的养分。但当作物生长到一定阶段，所需养分明显增加，而绿肥的供肥水平却在下降。绿肥适当配施一定量的氮肥，对弥补绿肥后期供肥不足，保证后茬作物整个生育期养分均衡供应是很重要的。

多数绿肥作物吸收磷、钾的能力较强，种绿肥时施用磷、钾肥有利于提高绿肥产量和养分含量，同时有利于提高磷、钾肥的利用率。我国磷、钾肥资源不足，大部分土壤缺磷、缺钾。将磷、钾肥提前施在绿肥作物上，通过绿肥的转化，提高磷、钾养分的有效性，防止磷、钾养分固定和损失，使有限的磷、钾资源充分发挥最大的经济效益。

## 第三节　微生物肥料

### 一、微生物肥料的定义

微生物肥料是指一类含有活微生物的特定制品，应用于农业生产中，能够获得特定的肥料效应。在这种效应中，制品中的微生物起关键作用，这类制品统称为微生物肥料，传统上也称菌肥或生物肥。

目前，市场上的微生物肥料可分为两类。一类是通过其中所含微生物的生命活动，增加作物营养元素的供应量，包括土壤和生产环境中植物营养元素的供应总量和有效供应量，改善了作物的营养状况，增加了作物产量。代表品种是根瘤菌肥。另一类也是通过所含微生物的生命活动导致作物增产，但微生物的生命活动的关键作用不仅仅提高了作物的营养元素供应水平，而且它们所产生的植物生长激素对作物的刺激作用，促进了作物对营养元素的吸收，或者拮抗了某些病原微生物的致病作用，减少了作物的病虫害而增加了产量。

### 二、微生物肥料的种类

微生物肥料的种类很多，其分类方法也不一而同，大致有以下几种：

(1) 按其制品中特定的微生物种类分为细菌类肥料、放线菌类肥料、真菌类肥料、光合细菌类肥料、固氮蓝藻肥料等。如根瘤菌类肥料、固氮菌类肥料、解磷菌类肥料、解钾菌类肥料都属于细菌类肥料；菌根真菌、霉菌类制剂、酵母制剂等属于真菌类肥料；鱼腥藻、念珠藻等属于固氮蓝藻。

（2）按其作用机理分为根瘤菌类肥料、固氮菌类肥料、解磷菌类肥料、解钾菌类肥料、硅酸盐类菌肥料、芽孢杆菌类肥料等。

## 微生物肥料的选择

常见微生物肥料的剂型有液体、粉剂和颗粒三种。如果用于拌种、浸种，可选择液体和粉剂较好。如果作为种肥，只能选择颗粒，既有利于运输、储存，使用也方便，而且保持期长。

（3）按其制品内含有微生物的种类分为单一微生物肥料和复合微生物肥料。目前单一菌种、单一功能的微生物肥料已经不能满足现代农业发展的要求，复合微生物肥料成为现代农业发展的趋势。复合微生物肥料又可以分为：

1）微生物—微量元素复合生物制剂。微量元素是作物体内酶或辅酶的组分，在叶绿素和蛋白质的合成、光合作用以及作物对养分的吸收利用等方面起着十分重要的作用。

2）联合固氮菌复合微生物制剂。由于植物的分泌物和根的脱落物提供能源物质，固氮微生物利用这些能源生活和固氮。这类复合微生物制剂具有固氮、解磷、激活土壤微生物和在代谢过程中分泌植物激素的作用，可以促进作物生长发育，提高作物产量。

3）固氮菌、根瘤菌、磷细菌和钾细菌复合微生物制剂。这类制剂可以为作物提供氮、磷、钾等营养元素。

4）有机—无机生物复合肥料。目前，有机—无机复合生物肥料成为人们关注的一种新型肥料。

5）多菌株多营养生物复合肥。它是利用多种生理、生化习性相近的微生物制造的一种无毒、无污染、可改良土壤的水溶性肥料，适用于各种农作物，可以改善作物品质、缩短生长周期，提高作物产量。

## 根瘤菌肥料

将科学家筛选出来的根瘤菌制成根瘤菌肥，在豆科作物种植前将根瘤菌肥拌在种子上（或接种在土壤中）以促进共生固氮，达到增产的目的，这类肥料称为根瘤菌肥料。

## 三、微生物肥料的功效

微生物肥料的功效主要是与营养元素的来源和有效性有关，或与作物营养、水分和抗病有关，概括起来有以下几个方面。

### 1. 增进土壤肥料

各种自生、联合或共生的固氮微生物肥料，可以增加土壤中氮素的来源。多种分解磷、钾矿物的微生物，可以将土壤中难溶的磷、钾溶解出来，转变为作物可以吸收利用的磷、钾元素。土壤微生物产生的多糖可以改善土壤团粒结构，增强土壤的物理性能，保护作物根免受病原微生物的入侵，以及防止土壤颗粒的损失。

### 2. 制造和协助农作物吸收营养

根瘤菌肥中的根瘤菌可以在豆科作物根部形成根瘤，生活在根瘤内部的根瘤菌类菌体利用豆科作物寄主提供的能量，将空气中的氮转化成氨，进而转化成植物能吸收的氮素化合物，供给豆科作物的氮素需求，即生物固氮。在这一过程中，根瘤菌通过其生命活动为豆科寄主制造和提供了氮素营养来源。氮素营养中，68%来自生物固氮，化肥只占32%。可见根瘤菌是解决人类氮素来源的一个重要方面。VA菌根是一种土壤真菌，可以与多种植物的根共生，其菌丝伸出根部很远，可以吸收更多的营养供给作物吸收利用，其中以对磷的吸收最为明显。菌根在土壤中活动性差，移动缓慢的元素如锌、铜、钙等也有加强吸收的作用。除此之外，许多用作微生物肥料的微生物还可以产生大量的植物生长激素，能够刺激和调节作物生长，营养状况改善。

### 根瘤菌的作用

根瘤菌肥料施入土壤后，遇到相应的豆科作物即侵入根内，形成根瘤。瘤内的细菌能固定空气中的氮素，并转变为可供植物利用的氮素化合物。固定氮素的25%用于菌体细胞，75%供给寄生植物，根瘤菌所供氮素2/3来自土壤，1/3来自空气。

### 3. 增加作物抗病和抗旱能力

有些微生物接种后，由于作物根部大量生长繁殖，成为作物根际的优势菌，除了它们自身作用外，还由于其生长、繁殖、抑制或减少了病原微生物的繁殖机会，有的还有拮抗病原微生物的作用，起到了减轻作物病害的功效。由于菌根真菌在作物根部大量生长，因此菌丝除了吸收有益元素外，还有增加水分吸收，利于作物抗旱的能力。

应用微生物肥料还可以节约能源、降低生产成本，而且微生物肥料不污染环境。

## 四、微生物肥料的有效使用条件

为了充分发挥微生物肥料的功效，就要正确使用微生物肥料。一般要注意以下几个方面。

### 1. 选择合格的微生物肥料

一个合格的微生物肥料要在主管部门登记，批准生产，有合格的批准手续。产品出厂前应进行质量检查，符合国家或行业标准，包装和标签完整，使用说明清楚、明确。

### 2. 微生物肥料的产品种类要与使用的农作物相符

对根瘤菌肥来说，这一点尤为重要。

### 3. 要在有效期内使用

在有效期内，微生物肥料的微生物活菌数符合标准，超过有效期的，杂菌数量大大增加，特定微生物数量下降，不能保证其有效性。

### 4. 储藏温度要适宜

通常情况下，微生物肥料的储藏温度为4～10℃。如不能按要求储藏，应在购买产品后在短时间内尽快用完。

#### 根瘤菌的特性

专一性：是指某种根瘤菌只能使一定种类的作物形成根瘤，用某一族的根瘤菌制造的根瘤菌肥料，只施用于相应的豆科作物。

侵染力：是指根瘤菌侵入豆科作物根内形成根瘤的能力。

有效性：是指它的固氮能力。

### 5. 严格按使用说明的要求使用

不同剂型的微生物肥料使用方法不同，但在使用过程中，都应避免阳光直射；拌种用的微生物肥料应加适量水分，过多过少都不能使种子充分吸附微生物肥料。

### 6. 微生物肥料的配伍禁忌

微生物肥料应该避免与造成其特定微生物死亡或降低作用的物质使用、混用。

### 7. 最适用微生物肥料的地区

微生物肥料并非适用于所有的地区、所有的土壤和所有的作物。

## 五、微生物肥料的产品标准

微生物肥料使用后能否产生副作用主要取决于四个基本条件：第一，选育优良菌株作为生产菌种；第二，严格条件下生产的高质量产品；第三，正确合理的使用方法；第四，完善的菌剂质量监督。

我国对微生物肥料产品质量的最主要要求是有效和无害两个方面。无害实际上有两方面含义：一是微生物肥料中的微生物不应是人和动植物的病原微生物；二是吸附剂中的蛔虫卵、大肠杆菌及重金属等有毒有害物质的含量要低于国家标准所规定的含量。常见的微生物肥料产品的微生物种类，如各种根瘤菌、固氮菌，一些解磷、解钾微生物、硅酸盐幼苗等肯定是无害和安全的，但一些新研制产品中的特定微生物种类或在分类上还不很明确的微生物标准则要求对其中的微生物菌种要做鉴定，尤其是要做无害鉴定。吸附剂的安全性则根据国家有关规定，由环保部门进行鉴定，确认无害即可。

有效性是微生物肥料制品中的特定微生物应符合其自身特性要求，在农作物上或土壤接种时应有效，与不接种对照或基质对照相比，特定的微生物应表现出一定的肥效作用。这一点主要由研制单位或生产部门负责。

### 施用微生物肥料时应注意的问题

1. 避免开袋后长期不用。微生物肥料多数只含有1～3种有益微生物，并在无杂菌的条件下生产、包装。若开袋后长期不用，其他杂菌就可能侵入袋内，使微生物菌群发生改变，影响其使用效果。

2. 避免在高温、干旱条件下使用。应选择阴天或晴天的傍晚施用微生物肥料并结合盖土、盖粪、浇水等措施，做到随用随盖土、随浇水，避免微生物肥受阳光直射或因水分不足而难以发挥肥效。

3. 不能与农药同时使用。农药会抑制微生物的生长和繁殖，甚至杀死微生物而使肥料失效。

4. 避免与过酸或过碱的肥料混合使用。微生物适宜中性或近中性的条件。

5. 避免与未腐熟的农家肥混合使用。未腐熟的农家肥在腐熟过程中会产生高温杀死微生物致使微生物肥料失效。

6. 要与化肥或农家肥配合使用。这样有利于微生物的生长和繁殖，提高肥效。

我国微生物肥料的质量标准主要包括以下几个方面。

#### 1. 菌数量

这是微生物肥料质量标准中最主要的指标，不同的国家对不同微生物肥料活菌数的规定各不相同。就根瘤菌肥而言，如澳大利亚规定失效期前不少于1×108个活菌/克；加拿大规定每克接种剂活菌数最低为$10^6$个，失效期前接种剂必须提供每粒种子$10^3$个最低活菌；荷兰规定每克4～25×$10^9$个活菌数等。

#### 2. 水分含量

指固体菌剂的含水量。对于固体微生物肥料来说，适宜的水分可以保证其中特定微生物的存活，水分过高会滋生杂菌而且容易发霉，水分过低会使其中的微生物大量死亡，从而影响微生物肥料的功效。水分含量与吸附剂的细度有关，固体微生物肥料的吸附剂要求细度不小于 60～80 目的草炭，含水量 25%～35%；150 目以上的，含水量超过 35%也不会影响微生物的存活。细度越大，表面积越大，吸附的微生物数量越多。

**3. pH 值**

微生物肥料的 pH 值应为中性，这有利于特定微生物的存活。液体和固体剂型的 pH 值升高或降低，常表示被杂菌污染。但固体剂型的 pH 值根据所采用的吸附剂本身的 pH 值不同而不同，pH 值不是中性的使用前需调节。微生物肥料通常要求的 pH 值为6.5～7.5。

**4. 杂菌率**

微生物肥料的杂菌含量与其应用效果、储存时间有直接关系。少量的杂菌数不影响微生物肥料的质量，许多国家允许的杂菌率为 5%～10%，我国对杂菌率的要求限定在 10%，特别要求不能出现霉菌污染，因为霉菌会导致接种种子发生霉变、烂种。

**5. 有效期**

储存时间是微生物肥料产品质量的重要指标。在常温 20℃的储存条件下，微生物肥料制品应能“三定”时间内保证其中特定的微生物克活菌数不低于标准所规定的数量。我国的最低标准是 6 个月，国外最长的保存期是法国的根瘤菌肥，在 18 个月内，甚至到第 24 个月时活菌数仍能达到标准规定。有效期的长短取决于制造工艺和设备条件；吸附或分装时发酵液活菌的纯度和数量；吸附剂营养成分和粒度大小；吸附时的特殊处理；出厂后的储存条件等。

除上述标准外，国家对微生物肥料的产品标签、说明书、包装和包装箱等均有明确规定。

## 固氮菌肥

固氮菌肥是指含有大量好气性自生固氮菌的细菌肥料，自生固氮菌不与高等植物共生，它独立生存于土壤中，能固定空气中的分子态氮，并将其转化为植物可利用的化合态氮素，这是它与共生固氮菌（根瘤菌）的根本区别。

影响土壤固氮菌分布的主要因素是土壤有机质、pH 值（7.4～7.6）、土壤湿度 60%、土壤温度 25～30℃、土壤熟化程度和磷、钾含量，它特别适用于禾本科作物和蔬菜中叶菜类作物。

施用方法：作基肥应与有机肥配合，沟施或穴施，也可用作追肥，调成稀泥浆状，施入根部覆土，作种肥拌种。固氮菌肥不宜与过酸、过碱肥料或杀菌农药混施。

# 第四节　化学肥料

## 一、氮肥

我国氮肥工业发展较晚，到 1935 年才先后在大连和南京建成两座氮肥厂，生产硫酸铵。1949 年以前，全国累计生产的氮肥量为 60 万吨，主要用于沿海各省。新中国成立后，我国的化肥工业取得了长足的发展。到 1983 年，全国氮肥产量猛增至 1 109.4 万吨，成为世界第二大氮肥生产国；1991 年全国氮肥产量达到 1 510 万吨，居世界第一。

### 1. 氮肥的种类及性质

氮肥按照氮素的形态可分为铵态氮肥、硝态氮肥和酰胺态氮肥。铵态氮肥中的氮以 $NH_4^+$ 形式存在，硝态氮肥中的氮以 $NO_3^-$ 形式存在，酰胺态氮肥中的氮以酰胺的形式存在。由于存在形式和所结合的配伴离子不同，因此不同氮肥的性质差别很大。

（1）铵态氮肥。铵态氮肥的共同特点是易被土壤胶体吸附，在通气状况良好的情况下，易发生硝化反应成为硝态氮。在碱性条件下易挥发，以氨气的形式损失。高浓度的铵态氮肥易使作物受毒害。作物吸收过量的铵态氮肥会影响其对钾、钙、镁的吸收。常用铵态氮肥的性质及施用方法见表 3—3。

**表 3—3　　常用铵态氮肥的性质、特点及施用方法**

| 肥料名称 | 性质 | 特点 | 施用方法 |
|---|---|---|---|
| 碳酸氢铵 | 含氮 17%左右，白色结晶，易溶于水，水溶液呈碱性。常温下易挥发，有强烈的氨味。易潮解结块，给储存、运输和施用带来不便 | 1. 碳铵组分中的 $NH_3$、$CO_2$ 和 $H_2O$ 都是作物的养分，长期施用不影响土质<br>2. 碳铵中的铵离子更容易被土粒吸持 | 1. 作基肥要深施；作追肥要沟施和穴施；施后立即覆土。做种肥必须“种、肥隔离”<br>2. 避开高温季节和高温时期施用 |
| 氯化铵 | 含氮 25%～26%，白色结晶，易溶于水，水溶液呈酸性。易吸湿结块 | 1. 作物对 $NH_4^+$ 吸收较多，而将 $Cl^-$ 留在土壤中，长期施用会导致土壤酸化<br>2. $Cl^-$ 对硝化细菌有抑制作用，减缓土壤硝化作用，使 $NH_4^+$ 不易流失 | 1. 可做基肥和追肥，不宜做种肥和秧田施用做种肥时必须“种、肥隔离”<br>2. 烟草、甜菜、甘蔗、马铃薯、葡萄、柑橘等“忌氯作物”不宜使用<br>3. 应与石灰、有机肥配合施用 |

续表

| 肥料名称 | 性质 | 特点 | 施用方法 |
|---|---|---|---|
| 硫酸铵 | 含氮20%～21%，白色结晶，易溶于水。吸湿性小，不易结块。<br>含硫25.6%，是重要的硫肥 | 1. 作物对$NH_4^+$吸收较多，而将$SO_4^{2-}$留在土壤中，长期施用会导致土壤酸化<br>2. $SO_4^{2-}$在一定的还原条件下，产生$H_2S$气体，会对水稻根系产生毒害 | 1. 可做基肥、种肥和追肥，要深施覆土<br>2. 适合各种作物<br>3. 应与石灰配合施用 |

## 过量施用氮肥的危害

长期过量地施用氮肥会造成地下水中硝酸盐超标。而地下水中硝酸盐含量过多会对人、畜有害，不能饮用。亚硝铵是亚硝酸的产物，而亚硝铵是致癌、致异及致畸胎的物质，对人、畜威胁更大。而地面水的富营养化作用也会对生态环境造成不良影响。

（2）硝态氮肥。硝态氮肥的吸湿性强，易结块，极易溶于水，易被作物吸收，见效快。硝酸根在土壤中不被土壤胶体吸附，易被淋洗损失。作物根系选择吸收硝酸根多于阳离子，施肥点周围土壤pH值上升，呈碱性，多属生理碱性肥料；具有较强的助燃性和爆炸性；适于旱作；可与腐熟的有机肥或磷、钾肥配合施用，但不能与新鲜厩肥、堆肥和绿肥配合施用。常用硝态氮肥的性质及施用方法见表3—4。

**表3—4　　常用硝态氮肥的性质、特点及施用方法**

| 肥料名称 | 性质 | 特点 | 施用方法 |
|---|---|---|---|
| 硝酸钠 | 含氮15%～16%，含钠26%，白色或微黄色结晶，易溶于水，吸湿性强，有助燃性，在储存时应注意防火防潮 | 1. 硝酸根不被土壤吸附，易损失<br>2. 用于喜钠作物如甜菜、甘蓝、胡萝卜等，可增加产量，改善品质 | 1. 宜做追肥，少量、分次施用<br>2. 适合酸性或中性土壤，不适合盐碱土或水田、水浇田、茶树使用 |
| 硝酸钙 | 含氮13%～15%，白色或稍带黄色的颗粒，易溶于水，易吸湿结块，应储存于通风干燥处 | 1. 含有钙离子，对土壤有团聚作用，可以改善土壤的物理性质<br>2. 硝酸根易流失，不宜在水田或多雨地区使用 | 1. 适合各种土壤，在缺钙的酸性土壤上效果更好<br>2. 最好做追肥，旱田也可以做基肥 |
| 硝酸铵 | 含氮34%～35%，铵态氮、硝态氮各占一半，白色结晶，易溶于水，吸湿性强，易结块，有助燃性和爆炸性。储运时严禁与易燃物品放在一起；结块时可用木棍敲碎或用水溶化，切不可用铁锤重击 | 1. 硝酸根不被土壤吸附，易损失<br>2. 适合于烟草，有助于提高烟草的燃烧性，其含形成芳香物质 | 1. 在旱田施用要深施覆土<br>2. 宜做追肥，不宜做基肥和种肥。旱田追肥要少量多次，并结合中耕覆土<br>3. 不宜在水田施用 |
| 硝酸铵钙 | 含氮20%～21%，灰白色或淡黄色颗粒，吸湿性小，不易结块 | 由于含有大量碳酸钙，适合酸性土壤 | 1. 宜做旱田追肥，开沟施入，及时覆土<br>2. 不适合水田施用 |

（3）酰胺态氮肥——尿素。尿素含氮46%，白色结晶，易溶于水。粒状尿素吸湿性较低，储藏性能好。尿素中常含有对作物有害的缩二脲，一般要求缩二脲含量不超过1%，水分不超过0.5%。

尿素施入土壤中会转化成碳酸铵，再分解成氨。因此，尿素表施会引起氨挥发损失，在石灰性土壤上更为严重。

尿素适合各种土壤，可做基肥和追肥，并要深施覆土。因尿素是中性有机化合物，电离度小，不易烧伤茎叶，而且具有一定的吸湿性，容易被叶片吸收，尤其适合根外追肥。喷施尿素的适宜浓度为0.5%～2.0%，一般喷2～3次即可。

尿素不适合做种肥，因为尿素分解产生的氨会烧种烧苗。所以尿素做种肥一定要做到"种、肥隔离"。

施用尿素时还应注意：尿素含氮量高，施用时一定要掌握好用量，过量易造成营养流失和使作物贪青晚熟或倒伏减产。做追肥时施期要稍有提前，因尿素施入土壤要经过转化才能发挥肥效，因此要比一般氮肥早施3～4天。

### 氮肥利用率

氮肥利用是指施入农田中的氮肥中，其氮素被当季作物吸收到体内的比例，不包括氮肥的损失和残留在土壤中的部分。

影响氮肥利用率的因素很复杂，不同施肥技术、不同施肥量、不同施肥方法、不同氮肥品种和种类、土壤肥力的高低等都影响着氮肥的利用率。

**2. 氮肥高效施肥的原则**

（1）施肥量要适合。氮素不足，会影响作物产量；氮素过量，又会造成环境污染。因此，在氮肥施用时，要确定适合的施肥量。适合的施肥量应该是既能保证作物优质高产，获得较高的经济效益，又不在土壤中残留，避免环境污染。确定氮肥适宜用量要考虑土壤供氮状况及作物需氮特点、氮肥利用率等多种因素。

（2）施肥方法要适当。对于铵态氮肥来说，深施覆土可以使肥料分布在根系集中的区域，增强作物的吸收，防止氮素挥发。深施的深度一般在20 cm以内，过深也不利于作物对氮的吸收。深施旱田可以采用基肥结合深耕施入，也可以在作物生长期内开沟条施或穴施；水田可以采用基肥无水混施或条施施入土壤然后灌水的办法，以减少氮素挥发，提高氮肥利用率。

（3）施肥时期要适宜。作物不同生育时期对养分需求量不同，要提高氮肥利用率就要选择适宜的施肥时期。确定施肥时期还要考虑水分条件，因为在旱田水分充足则肥料效果好。因此在有灌溉条件的地方，作物对养分的需求可以随时得到补充，氮肥分期施用效益最好；在没有灌溉的条件的地区，氮肥要早施。对玉米来说，不论氮肥用量多少，如果把用量的1/4做种肥、1/4做拔节肥、1/2做抽雄肥，效果最佳。对水稻来说，用做基肥或追肥早施效果最好。

（4）氮、磷、钾配合施用。作物在整个生育期需要各种养分的平衡供应，如果一种养分供应不足，其他养分供应再多也无法起作用。只有营养元素全面协调供应，才能满足作物正常生长发育的需要，提高氮肥利用效率。那么，在施用氮肥时配合施用磷、钾肥或有机肥料，就可以提高氮肥的利用效率，提高作物产量。

肥料中氮磷、氮钾的配合要以土壤中供应这两种养分的能力为基础。在北方土壤中，有效磷低于 8 mg/kg 时，氮与磷之比以 1∶1 为宜；土壤有效磷在 8～16 之间时，以 2∶1 为宜；土壤有效磷高于 16 时，则不需要施用磷肥。

(5) 运用综合措施保肥增效。氮素在土壤中有三种损失途径：氨挥发、硝态氮淋失和反硝化作用脱氮。在北方旱田，氨挥发是氮素损失的重要途径，为防止氨挥发除氮肥深施覆土外，还可以采用铵态氮肥包膜或与酸性磷肥混合使用的方法，这样不但可以调整养分、促进作物对氮素吸收利用，还可以保肥增效，大大减少氨的挥发。把少量尿素提前施用可激发土壤中硝化微生物的活性，促使随后施入的大量尿素迅速变成硝态氮；在铵态氮肥中混合少量硝态氮肥，可以减少铵态氮肥的挥发。

南方稻田氨挥发和反硝化作用造成的氮素损失非常严重。为防止氨挥发，可以采取深施、分次施、应用不易挥发的氮肥品种等方法。应用脲酶抑制剂控制尿素水解，施用缓效肥料等都可以有效减少氮素的损失。

此外，改善作物生育条件，培育健壮作物可以使作物从土壤中吸收更多的养分，提高养分利用率。

### 单一肥料的标识要求

单一肥料是指氮、磷、钾三种养分中仅含有一种的肥料。国家要求单一肥料要标明单一养分的百分含量。若加入中量、微量元素，可标明中量元素、微量元素，应按中量、微量元素两种类型分别标明各单养分含量及各自相应的总养分含量，不得将中量、微量元素含量与主要养分相加。微量元素含量低于 0.02%的或中量元素含量低于 2%的不得标明。

### 3. 尿素的简单识别方法

俗话说得好：“庄稼一枝花，全靠肥当家。”在农业生产中，化肥的施用不仅可以提高土壤的肥力，增加产量，而且提供给作物营养、改善作物品质。为了有更好的收成，每年购买化肥不仅花销很大，而且还会买到假冒伪劣化肥。所以还应需学习一些鉴别化肥真假优劣的简单方法。以下提供尿素的简易识别方法和注意事项，供参考。

(1) 查看。真尿素包装袋上的生产批号清楚而且是正反面都叠边的机器封口；假尿素包装上的生产批号不清楚或没有，而且大都采用单线手工封口。真尿素是一种半透明的颗粒，若颗粒表面颜色过于发亮或发暗，或呈现明显反光，则可能混有杂质。

(2) 称重。正规厂家生产的尿素标明的重量与实际重量相差不超过 1%；而以假充真的尿素则与标准重量相差很大。

（3）手摸。真尿素吸湿性小，不易结块，因而手感较好不烧手；而假尿素手摸时有烧灼感和刺手感。

（4）火烧。纯真尿素放在火红的木炭上迅速熔化，冒白烟，有氨味。如在木炭上出现剧烈燃烧，发强光，且带有“嗤嗤”声，或熔化不尽，则说明其中有杂质。

## 二、磷肥

磷肥是由磷矿粉经机械加工磨碎后，用不同的方法进行处理而获得的。

### 1. 磷肥的种类及性质

#### 磷肥的利用率

磷肥的当季利用率与氮肥和钾肥相比要低得多。试验表明，我国的磷肥利用率大体在10%～25%之间。

磷肥的利用率与磷肥品种和土壤性质有关，还与作物的吸磷能力有关。一般情况下，谷类的棉花磷肥利用率低，豆科和绿肥作物的磷肥利用率较高。

一般按磷酸盐的溶解性质，可把磷肥分为水溶性磷肥、弱酸溶性磷肥和难溶性磷肥三种。

（1）水溶性磷肥。这一类磷肥的主要成分是磷酸二氢盐，能溶于水，易被作物吸收。包括过磷酸钙、重过磷酸钙、磷酸二氢钾、磷酸铵等。几种水溶性磷肥的性质、特点及施用方法见表3—5。

**表3—5　几种水溶性磷肥的性质、特点及施用方法**

| 肥料名称 | 性质 | 特点 | 施用方法 |
|---|---|---|---|
| 过磷酸钙（简称普钙） | 含有效磷12%～18%，含40%～50%硫酸钙、2%～4%硫酸盐、小于5%的游离酸。灰白色粉状或粒状化合物。易溶于水，水溶液呈酸性，具有吸湿性，易结块。具有腐蚀性。在储运过程中应防潮 | 1. 易被土壤固定并逐渐转变成难利用状态<br>2. 在水田中磷的有效性较高<br>3. 游离酸的存在易导致过磷酸钙退化作用 | 1. 适合各种作物和土壤<br>2. 宜做基肥、种肥和根外追肥并施于根层<br>3. 在酸性土壤上要配合石灰或有机肥 |
| 重过磷酸钙（简称重钙） | 含有效磷36%～52%，灰白色颗粒或粉状肥料，易溶于水，水溶液呈酸性。腐蚀性和吸湿性强，易结块。便于储运和施用 | 1. 有效磷含量是过磷酸钙的2～3倍<br>2. 不含游离酸，不会发生退化作用 | 1. 适合各种土壤<br>2. 宜做基肥、种肥和根外追肥并施于根层<br>3. 在酸性土壤上要配合石灰或有机肥 |

（2）弱酸溶性磷肥。这一类磷肥所含的磷不溶于水，易溶于弱酸，其中的磷素能为作物根分泌的弱酸溶解，也能逐渐被土壤中的其他弱酸溶解供作物利用。弱酸溶性磷肥在土壤中移动性差，不会流失，肥效比水溶性磷肥慢，但肥效持续时间长。一般物理性质好、不吸湿、不结块。这类肥料在酸性土壤条件下，会提高磷的有效性；在石灰性土壤条件下，会转变成难溶磷酸盐，使磷的有效性降低。为充分发挥其肥效，要正确选择这类肥料的使用条件。弱酸溶性磷肥主要包括钙镁磷肥、钢渣磷肥、沉淀磷肥和脱氟磷肥等。几种弱溶性磷肥的性质、特点及施用方法见表3—6。

**表3—6　几种弱酸溶性磷肥的性质、特点及施用方法**

| 肥料名称 | 性质 | 特点 | 施用方法 |
|---|---|---|---|
| 钙镁磷肥 | $P_2O_5$ 14%～23%，深灰、灰绿或墨绿色粉末。不溶于水，可溶于2%柠檬酸。水溶液呈碱性，没有腐蚀性，物理性质好，不吸湿，不结块 | 1. 以磷、钙、硅和镁为主要组成的多成分肥料，可满足作物对多种营养需要<br>2. 在土壤中可逐渐被酸性物质溶解释放；在碱性土壤中肥效不如过磷酸钙，但后效长 | 1. 最适宜做基肥，追肥宜在苗期早施，由于其移动性比过磷酸钙更小，故必须深施<br>2. 与有机肥料混合堆放后施田其肥料较单独施用更显著 |
| 钢渣磷肥 | 含 $P_2O_5$ 5%～14%，深褐色粉末状，强碱性，物理性质较好，不溶于水，但溶于酸溶液，稍有吸湿性 | 1. 施入土壤后，主要靠土壤酸类或由根系分泌的酸性使其溶解<br>2. 适宜施于酸性土壤 | 1. 宜做基肥，做种肥穴施或条施时，应避免与种子直接接触，以免影响发芽<br>2. 在石灰性土壤施用，可先与有机肥料混合堆放，以提高弱酸溶性磷的含量 |
| 沉淀磷肥 | $P_2O_5$ 30%～40%，白色粉末状，中性，不含游离酸，物理性质良好，不溶于水，但溶于酸溶液，稍有吸湿性 | 1. 和土壤反应较普钙慢，可降低土壤酸性<br>2. 适宜施于酸性土壤 | 1. 适合做基肥<br>2. 适合各种作物 |
| 脱氟磷肥 | $P_2O_5$ 20%左右，深灰色粉末状，不溶于水，不吸湿，不结块，呈碱性，储存方便 | 和土壤反应较普钙慢，稍可降低土壤酸性 | 1. 适合在酸性土壤上做基肥<br>2. 适合各种作物 |

（3）难溶性磷肥。不溶于水也不溶于弱酸，只溶于强酸的磷肥称为难溶性磷肥。大多数作物不能吸收难溶性磷肥，只有少数吸磷能力强的作物和绿肥作物能吸收利用。在酸性土壤中可以缓慢转化为能被作物吸收的弱酸溶性磷肥，后效较长，但在石灰性土壤中肥效很差。难溶性磷肥包括磷矿粉和骨粉等，其性质、特点及施用方法见表3—7。

表 3—7 难溶性磷肥的性质、特点及施用方法

| 肥料名称 | 性质 | 特点 | 施用方法 |
|---|---|---|---|
| 磷矿粉 | 含全磷（$P_2O_5$）10%～25%，弱酸溶性磷1%～5%，灰、棕、褐色形状特征。不溶于水稍，溶于2%的柠檬酸，中性至微碱性 | 1. 一般情况下与碱盐弱酸无反应，在强酸作用下生成水溶性的磷酸一钙<br>2. 与酸性肥料或生理酸性肥料混合施用可提高其肥效 | 1. 适合酸性土壤做基肥<br>2. 适用于根系阳离子交换量大或根系分泌物酸度大的作物 |
| 骨 粉 | 由动物骨骼加工制成的磷肥，含有磷酸三钙和骨胶、脂肪和少量蛋白质氮等 | 含有脂肪，较难粉碎，在土壤中不易分解，肥效慢，脱脂处理后可提高肥效 | 1. 适合酸性土壤做基肥<br>2. 适用于根系阳离子交换量大或根系分泌物酸度大的作物 |

### 磷肥的后效

磷肥施入土壤以后，当季的利用率不高。但磷肥不会像氮肥一样挥发，也很少淋失，大部分磷肥都积累在土壤之中。这些残留在土壤中的磷，在后茬会缓慢地释放，供作物吸收利用，这就是磷肥的后效。把后效算在内，磷肥总的利用率并不低。

### 2. 磷肥施用原则

我国磷肥的平均利用率通常平均在20%左右，磷肥的肥效与土壤条件、作物吸磷能力、磷肥品种及与其他肥料配合有直接关系。

（1）土壤条件。土壤条件是分配和选择磷肥的重要依据。土壤有机质含量、土壤含磷量、土壤熟化程度、土壤pH值等都与磷肥的利用率有关。通常情况下，土壤全磷含量仅是土壤供磷潜力一个指标，土壤有效磷含量才是土壤供磷水平的综合指标。在选择是否需要施用磷肥时，应以土壤有效磷含量为主要因素。在有效磷含量较低的土壤中施用磷肥，可以取得明显的增产效果。因此，磷肥应重点施用在有效磷含量低的土壤上，瘠薄的土地、新开垦的土地、施用有机肥较少的土地都应该优先分配磷肥。

（2）作物吸磷能力。不同作物吸收磷的能力不同，施磷肥后其反应也各不相同。一般来说，需磷多的作物，如豆科作物（包括绿肥）、糖料作物、淀粉含量高的作物、棉花、油菜、瓜果类和茶、桑等施用磷肥效果好，可提高产量，改善品质。谷类作物需磷量不是很高，敏感程度较差，吸收磷的能力也差，就应该多施用水溶性磷肥，如过磷酸钙、重过磷酸钙等。

（3）磷肥的品种。市场上磷肥品种很多，含磷量及有效性各也不相同，在选择磷肥品种时应该充分考虑土壤条件、作物需磷特性及磷肥的性质。

过磷酸钙和重过磷酸钙是水溶性磷肥，肥效快，适合许多作物和各类土壤，可以作基肥和种肥。钙镁磷肥等弱酸溶性磷肥在酸性土壤上作基肥效果好于过磷酸钙。难溶性磷肥只有在酸性条件下才能较好地发挥肥效，应该多施在酸性土壤上作基肥，在中性或石灰性土壤上则少用或不用。

### 过磷酸钙在土壤中的转化

过磷酸钙施入土壤以后，水分从四周向施肥点汇集，使磷酸一钙溶解和水解，形成含有磷酸一钙、磷酸、磷酸二钙的饱和溶液。磷酸根又向施肥点周围扩散，在扩散过程中，可以溶解土壤中的铁、铝、钙、镁等成分，形成不同溶解度的磷酸盐沉淀。

在选择磷肥品种时还应该考虑各种作物的吸磷能力。对于吸磷能力差的小麦、水稻等，应选择过磷酸钙和重过磷酸钙等水溶性磷肥；而对于吸磷能力强的豆科作物可选择难溶性磷肥。同一作物在不同的生育时期吸磷能力也有差异。作物一般在幼苗时期吸磷能力较弱，可用水溶性磷肥作种肥，也可以用弱酸溶性磷肥或难溶性磷肥作基肥，早施并施在根系密集的土层，以满足作物在生长旺盛期对磷的需要。

（4）与其他肥料配合。磷肥与氮肥、有机肥及钾肥配合施用是提高磷肥肥效的重要措施。在中、低肥力的土壤上配合施用，增产效果十分明显；在瘠薄的土壤上，只有将氮、磷、钾及有机肥配合施用，磷肥肥效才能大为提高。

#### 3. 提高磷肥利用率的措施

磷在土壤中不会淋失，也不会挥发损失，只会被土壤颗粒“固定”。因此，在施用磷肥时要尽可能减少磷肥与土壤的接触面积，采取多种措施提高磷肥利用率。

（1）磷肥集中施用。在固磷能力强的土壤上，为了减少水溶性磷肥被土壤“固定”，以增加磷肥与根系的接触，促进根系对磷的吸收，可以采取磷肥集中施用在根系附近的方法。但在土壤有效磷较高或在“固定”磷能力弱的土壤上，磷肥不宜过分集中施用。过分集中施用会导致局部磷浓度过高而伤根，同时也不利于根系普遍获得磷营养。

（2）与有机肥料混合施用。磷肥与有机肥混合施用，可以减少肥料与土壤的接触面积，防止磷肥被土壤“固定”。而且，有机肥在分解过程中能产生多种有机酸，可以减少水溶性磷肥被土壤“固定”。有机质还能为土壤微生物提供能量，促进其繁殖。这些大量繁殖的微生物能把无机态磷转变为有机磷肥暂时保存起来，又可以释放大量的二氧化碳促进难溶性磷酸盐的转化。试验表明，在石灰性土壤中施用有机肥后，土壤中有效磷的浓度明显提高。

（3）磷肥造粒。将磷肥制成颗粒与磷肥集中施用也可以减少磷肥与土壤的接触面积，提高磷肥肥效，同时也便于机械化施肥。但颗粒不要太大，一般以直径 3～5 mm 为宜。颗粒过大会减少肥料的分布点，减少肥料与根系的接触，不能起到提高磷肥肥效的作用。

### 三料磷肥

重过磷酸钙中含磷 36％～52％，比普通过磷酸钙高 2～3 倍，所以称重过磷酸钙（简称重钙）为双料过磷酸钙或三料磷肥。

（4）磷肥深施与分层施。由于磷肥在土壤中移动性小，容易被土壤“固定”，因此磷肥应该施在根系集中的土层，以保证作物在生长的中、后期能够吸收到磷。对于极度缺磷的土壤，为了保证苗期作物能正常生长和根系发育，浅施可能会有良好的效果。此外，作物吸收磷酸盐的多少在很大程度上取决于作物根系生长状况和根的形态，因此了解各种作物早期根系生长习性对确定施磷肥的部位是有益的。对于侧根发达的作物，施肥位置可适当浅些，对于主根发达的作物则应适当深施。

为了协调磷在土壤中移动性小和作物不同生育期根系发育及其分布状况的矛盾，可采取分层施用的方法。在耕翻时，最好将磷肥施用量的 2/3 犁入根系密集的深层中，以满足作物中、后期对磷的大量需要；其余 1/3 在播种时作种肥施于浅层土中，以供应作物苗期需要。分层施用还可以避免种肥量过大而出现烧种、烧苗的危险，尤其是含游离酸较多的过磷酸钙。分层施用还能较好地解决作物生长后期施用磷肥的困难。

实践证明，磷肥作基肥的效果比追肥明显。因为它在土壤中移动性小，作追肥时不容易使肥料处于最适宜的深度，只有作基肥才能达到深施的目的。对中耕作物可采取条施或穴施。但是，对于一些严重缺磷的土壤，追肥时应及早施用，并注意施肥的深度和位置，以利根系吸收。在砂质缺磷土壤上，早期追施过磷酸钙会有较好的效果。

（5）根外追肥。根外追肥是经济有效地施用磷肥的方法之一。它可以完全避免土壤对水溶性磷酸一钙的“固定”，有利于作物迅速吸收，并能节省肥料用量。喷施过磷酸钙时，应先加少量水配置成母液，放置澄清，取上层清液稀释到所需浓度后喷施。喷施浓度应根据作物种类确定，一般双子叶作物适宜的浓度为 0.5%～1%，单子叶作物为 1%～2%。母液底层的沉淀主要是硫酸钙，同时也含有少量水溶性磷酸盐，可作为基肥或混入圈肥中，仍有一定肥效。

### 根据作物营养特点科学选择化肥

据研究，铵态氮肥与硝态氮肥对蔬菜中硝酸盐含量的影响没有显著差异。一般蔬菜是喜硝态氮的作物，氮肥宜选用硝酸铵、硝酸钙等。鳞茎类蔬菜对硫肥比较敏感，可以选用含硫较多的肥料，如过磷酸钙、硫酸镁、硫酸钾等。十字花科的蔬菜对硼肥比较敏感，宜选用含硼较多的硼酸、硼砂等。鲜食性的瓜菜如西瓜、甜瓜以及茶叶等对氯毒害敏感，一般不宜选用氯化铵、氯化钾等含氯化肥。大白菜、番茄等易出现缺钙症状（干烧心、蒂腐病等），宜用含有效钙较多的过磷酸钙和硝酸钙。水果、茶叶则需要施用大量的有机肥。

**4. 磷肥的简单识别方法**

（1）外观。过磷酸钙为灰色的疏松粉末，有酸味；钙镁磷肥为灰绿色或灰棕色，没有酸味，呈干燥的玻璃质细粒或细粉末。若过磷酸钙中有土块、石块、煤渣等明显杂质，可断定为劣质产品；若酸味过浓，水分较大，则为未经熟化的不合格产品；如果颜色发黑，手感发涩，则为假肥料。

（2）手感。普钙质地重，手感发腻；钙镁磷肥手感发绵，较干燥。

（3）水溶性。普钙部分溶于水；钙镁磷肥不溶于水。

## 三、钾肥

### 1. 钾肥的种类和性质

钾肥的品种比较简单，约 95%是氯化钾，硫酸钾型钾肥包括硫酸钾、钾镁肥等约占 5%，还有极少数硝酸钾和碳酸钾。

（1）氯化钾。白色晶体，含氧化钾 50%～60%，含氯 45%～47%。因为氯化钾中还含有少量钠、钙、镁、铁、溴和硫等，所以有时会呈现淡黄或紫红色。氯化钾易溶于水，水溶液呈中性。其吸湿性不大，但长期储运也会结块。

长期施用氯化钾会导致土壤酸度下降，因此，在酸性土壤上应配合有机肥或石灰、草木灰等碱性肥料施用，以中和酸性。但对于盐碱土和忌氯作物，如马铃薯、甘薯、烟草、甜菜、葡萄等则不能施用氯化钾。

氯化钾可做基肥、追肥，不宜做种肥。

（2）硫酸钾。白色晶体，含氧化钾 48%～52%，易溶于水，水溶液呈中性。吸湿性较小，储存时不易结块。

长期大量施用硫酸钾也会导致土壤变酸，出现板结。为改善土壤结构，应配合有机肥或石灰、草木灰等碱性肥料施用。

硫酸钾可做基肥、种肥和追肥，一般以基肥最为适宜，但应注意施肥深度。集中条施或穴施可以使肥料分布在作物根系密集的湿润土层中，既可以减少钾的固定，也有利于根系吸收。在作追肥时，要及早追施并施于根系密集的土层中。

由于硫酸钾价格比较贵，所以能用氯化钾的尽量用氯化钾，但对于忌氯作物和需硫较多的作物，如黄瓜、萝卜、洋葱、甘蓝等应选择硫酸钾，在缺硫土壤上也应施用硫酸钾。

（3）草木灰。我国农村一直有以稻草、麦秸、玉米秸、树枝等做燃料的习惯，这些植物残体燃烧后剩余的灰烬就是草木灰。草木灰是重要的钾肥资源，属于农家肥料，含有多种营养成分，如磷、钾、钙、镁、硅等。其中的钾盐主要以碳酸钾为主，其次是硫酸钾，氯化钾较少。这些钾肥都能溶于水，其水溶液呈碱性。因此，草木灰不能与铵态氮混合施用，也不能与人粪尿、圈肥等混合施用，以免引起氮素的挥发损失。草木灰是速效性肥料，其中含有的磷是弱酸溶性磷，可以被作物吸收利用。

草木灰可以做基肥、种肥或追肥，水溶液也可作根外追肥。可优先施于忌氯喜钾作物上。

### 2. 钾肥的施用原则

我国南方土壤钾含量不高，很多作物因缺钾而影响产量。北方土壤含钾比较丰富，但近年来由于作物产量的不断增加，很多作物也表现出缺钾症状。施用钾肥增产效果显著，说明施用钾肥已经成为我国农业增产的一项重要措施。但由于我国70%的钾肥依靠进口，因此我们施用钾肥时必须考虑各种因素，合理施用。

（1）用于喜钾作物。对钾敏感作物和需钾量较多的作物，如豆科作物、薯类作物、甜菜、甘蔗、棉花、麻类、烟草和玉米等，应该优先施用钾肥以提高产量，改善品质。对钾不敏感的作物，如水稻、小麦等可少施或不施钾肥。

（2）用于缺钾土壤。对于质地粗的砂壤来说，施用钾肥增产效果十分明显，钾肥就应该施于这类缺钾土壤上，以获得高产。由于砂壤保肥、保水性差，养分易随水流失，因此，在砂壤上施用钾肥应该采取“少量多次”的办法，以避免钾肥的流失。

（3）用于高产田。高产田块由于作物产量高，每次收获从土壤中带走的钾也多。而我国目前的施肥习惯重视氮、磷肥，轻视钾肥，导致钾成为作物产量的限制因子。因此，有限的钾肥资源应该优先重点施用在高产田块，以充分发挥其增产作用。常年大量施用有机肥或秸秆还田数量较多的田块，可少施或隔年施用钾肥。

（4）根据肥料性质合理施用。钾肥在土壤中移动性小，宜作基肥施于根系密集的土层中。对于保肥、保水性差的土壤，可一半作基肥，另一半作追肥，追肥可在作物生长前期及早施用，以提高肥效。

由于钾可以提高作物的抗病力和抗逆性，因此在灾害年份或作物生长条件恶劣、发生病虫害时，及时补充钾肥增产效果十分显著。

钾肥与磷肥一样，具有一定的后效。因此，在连续多年施用钾肥的田块或者前茬施钾较多的田块，可适当减少钾肥的用量，以提高钾肥的肥效。

## 根据作物的生育期选择肥料

作物生长的不同时期对肥料的吸收不同，因此，需要针对作物不同的生长时期选择不同的肥料。种肥宜选用中性高浓度的复合肥料，拌种肥一般选择专用性强的肥料。基肥可选用低浓度肥料，也可选用高浓度复合肥料。追肥多选用高浓度速效化肥，如尿素、磷酸二铵，磷酸二氢钾等。灌溉施肥及叶面喷肥时，要选用高浓度、易溶解、残渣少的肥料，如尿素、硝酸铵、磷酸二氢钾及种类繁多的叶面肥等。有机肥与化肥配合使用，增施有机肥对发展可持续农业、无公害农产品生产更显重要。

### 3. 提高钾肥利用率的原则

（1）充分考虑土壤含钾量。土壤含钾量和供钾能力是决定钾肥肥效的重要因素。在施用钾肥时不但要考虑土壤中速效钾的含量，同时还要考虑土壤缓效钾含量及其释放程度。

（2）充分考虑土壤熟化程度。熟化程度高的土壤，常年施用有机肥多，土壤速效钾和缓效钾含量较高，并有良好的土壤理化性状，土壤供钾能力强，钾肥的利用率就低；反之，钾肥的利用率就高。

（3）充分考虑施用有机肥和氮、磷肥。施用有机肥的种类、数量和质量都影响钾肥肥效。施用堆肥、厩肥等富含钾素的肥料，钾肥的利用率就会下降。氮、磷肥的配合也影响着钾肥的肥效，只有在氮、磷充分满足作物需要的情况下，钾肥的肥效才能得到充分发挥，利用率才会提高。

**4. 缓解钾肥供应不足的途径**

我国的钾资源十分有限，大部分钾肥依靠进口。为缓解钾肥供应不足的矛盾，必须设法寻求解决供求矛盾的各种途径。

（1）加强钾的循环和再利用。大部分作物的秸秆或地上部分比籽粒或块茎、块根含钾多。如谷类作物的秸秆含钾量远高于籽粒，甜菜地上部分含钾量远高于地下块根，棉花纤维含钾量很低，大部分钾都在棉株中。把这些作物的秸秆归还给土壤，对维持和改善土壤钾素含量，加强钾在农业生态系统内部的再循环具有良好的作用。

在施用化学钾肥以前，我国一直是靠施用有机肥和草木灰来提供作物生长发育所需要的钾，这对解决钾肥资源不足起到了重要作用。但在化肥迅速发展之后，有机肥料和草木灰的投入越来越少，许多人把施用有机肥和草木灰看成是农业生产落后的标志。这对钾素在农业生态系统中的循环再利用极其不利。而且施用有机肥料的意义绝不仅仅是补充钾的来源这一点。

### 白色钾肥和红色钾肥肥效一样

白色钾肥与红色钾肥有效成分一样，都是氯化钾。红色钾肥是由于其原料中含有0.05%的铁及其他金属氧化物。在施用效果上，白色钾肥与红色钾肥一样好，没有任何差别。

（2）利用生物性钾肥资源。土壤中含有丰富的钾，但这些钾大部分被固定在黏土矿物中，难以被作物吸收利用。可以采取种植绿肥或吸钾能力强的作物，使土壤中难溶性钾转变为有效钾。再将这些作物作为生物性钾资源加以利用，以增加土壤有效钾的含量。还可以通过施用生物钾肥，靠其中的微生物活化黏土矿物中的钾，来提高土壤供钾能力。

（3）合理轮作，缓和土壤供钾不足的矛盾。各种作物需钾量不同，吸钾能力也不同。可以利用轮作换茬的方式调节土壤供钾状况。例如，可以把需钾量大、吸钾能力不强的豆科作物与需钾量相对少而吸钾能力强的禾本科作物进行轮作换茬，同时将禾本科作物秸秆还田，以缓和土壤供钾不足的矛盾。

## 四、钙、镁、硫肥

钙、镁、硫都是作物必需的营养元素。作物当对钙、镁、硫的需求量低于氮、磷、钾，但高于微量元素，所以被称为中量元素。而含钙、镁、硫的肥料也被称为中量元素肥料。

### 1. 钙肥

凡是含有钙的物质都可称为钙肥。钙肥不但可以为作物提供钙营养，还可以改良土壤。

（1）钙肥的种类和性质。农业上常用的含钙物料有石灰和石膏。石灰的主要成分是氧化钙，与水作用生成氢氧化钙，就是通常所说的熟石灰。石膏是含水硫酸钙的俗称，既含钙又含硫，是肥料工业的重要原料。农业上直接使用的石膏是经 107℃脱水而成的熟石膏。一些肥料中也含有钙，如过磷酸钙、钙镁磷肥和窑灰钾肥等。施用这类肥料不仅可以补充钙营养，还可以中和土壤酸度，改善土壤物理性质。

石灰类肥料中以生石灰碱性最强，不但可以中和土壤酸度，还可以杀虫、灭草和土壤消毒。熟石灰的碱性也比较强，易溶解并中和土壤酸度和灭菌，杀虫功能仅次于生石灰。碳酸石灰的主要成分是碳酸钙，溶解度小，中和土壤酸度的能力弱而持久。这几种石灰肥料不仅可以提供钙营养，中和土壤酸度，消除活性铝离子的毒害，同时还有利于土壤团粒结构的形成，改善土壤物理性质。

**施钙肥不可过量**

盲目过量或连年高量地施用石灰而形成石灰板结田或次生碳酸盐土壤，是土壤理化性质恶化，磷、铁、硼、锌、锰等有效肥性降低，甚至缺乏，成为中低产田的原因。因此，施用石灰要讲究用量，还要考虑钙与其他离子间的相互关系，综合确定最佳用量。

（2）钙肥的施用。石灰和含钙肥料的施用量和选用钙肥的种类，应该根据作物的种类和土壤的性质确定。对于耐酸性较强的作物，如马铃薯、燕麦、茶树等可不施；对耐酸性中等的作物，如水稻、甘蔗、豌豆等可少施；对不耐酸性的作物，如小麦、玉米、大豆等和喜钙作物、块根作物要多施。在土壤性质方面，一般红壤等酸性强的土壤可多施；对于微酸性或中性的土壤可不施；黏质土壤可多施；砂质土壤可少施；旱地比水田多施；坡度大、雨水多的地方多施，且上坡比下坡多施。对含有效钙丰富的中性和钙质土壤，发现作物出现缺钙症状，可选用硝酸钙或氯化钙进行根外追肥；水果、蔬菜根外追肥的浓度为 0.5%，一般在生育后期追肥。对碱性缺钙土壤宜施用石膏，以增加土壤钙的有效供应和改善土壤碱性。

石灰和含钙肥料的施用，主要根据施用目的和肥料性质决定。可以作基肥和追肥，方法上可以采用条施、撒施或穴施。通常情况下，溶解度低的钙肥作基肥，可溶性钙肥作追肥或根外追肥。为中和整个耕层土壤的酸度，石灰用量应多些。一般以 5 年为周期，前 3 年大致按每公顷 2 250 kg、1 500 kg、750 kg 的量逐年递减。作基肥撒施，后 2 年可以绿肥翻压，秸秆还田时施用，结合耕耙地使其尽量与土壤混合均匀。稻田可用石灰作追肥，每公顷用 375 kg，在分蘖期或幼穗分化始期结合中耕除草时施用。为补充土壤钙质可选用含钙磷肥，溶解度低的作基肥，溶解度高的作追肥。施用石灰时注意不要过量，否则会使土壤肥力下降。除施用量适当外，还要注意施用均匀，条施、穴施应该避免与种子或植物根系接触，以免影响作物正常生长。为了充分发挥石灰改土的增产效果，必须配合农家肥和氮、磷、钾肥施用。

### 硅肥的合理施用

硅是水稻、大麦、小麦和甘蔗等生长不可缺少的营养元素，在这些作物上施用硅肥取得了明显的增产效果。

合理施用硅肥首先要考虑土壤有效硅含量，以土壤有效硅含量 95～100 mg/kg 为指标，有效硅含量低施用硅肥效果明显，用量过多反而增产率会下降。其次要考虑硅肥品种和用量，如硅酸钠用量不超过 10 kg/亩，黄磷炉渣以 50 kg/亩为好。而且在水稻苗期第一次耘草时作追肥施用效果最好。

#### 2. 镁肥

（1）镁肥的种类和性质。含镁肥料主要有硫酸镁、氯化镁、硝酸镁、氧化镁、钾镁肥等，可溶于水，易被作物吸收。还有钙镁磷肥等微溶于水的肥料，肥效较慢。这些肥料中硫酸镁、氯化镁、硝酸镁是酸性肥料，碳酸镁是中性肥料，钾镁肥、氧化镁、钙镁磷肥是碱性肥料。

（2）镁肥的施用。合理施用镁肥必须考虑土壤条件和作物营养特性。通常情况下，在有效镁含量较低的土壤、淋溶强的酸性土壤和阳离子交换量低的砂壤上施用镁肥效果好。对需镁较多的作物施用镁肥增产效果明显，而且，对作物施用镁肥一般以苗期施用效果好。

镁肥一般可作基肥和追肥。在酸性土壤上可以施用钙镁磷肥作基肥；在碱性土壤上可以施用硫酸镁作基肥或追肥，以镁计算每公顷 15～30 kg 即可。

#### 3. 硫肥

（1）硫肥的种类和性质。常用硫肥有石膏、硫酸铵、过磷酸钙、硫酸钾、硫酸镁等。硫黄即硫元素，磨细后可以作肥料和碱土改良剂，但一般不专作肥料。

（2）硫肥的施用。目前，我国已有 2/3 省份报道土壤缺硫，对豆科作物、油料作物、绿肥、经济作物等施用硫肥增产效果明显。施硫可以提高作物品质，增加含硫氨基酸含量和油料作物含油量。因此，硫肥的研究和合理施用已受到重视。

### 硫肥的重要性

研究表明，我国 24 个主要农业省 30％的土壤缺硫，还有 20％的土壤潜在缺硫，硫已成为农业生产的限制因素。提高硫肥的使用可以防治土壤缺硫，提高作物产量，对促进农业可持续发展必不可少 。

合理施用硫肥首先要考虑土壤条件。我国北方土壤缺硫较少，施用石膏主要是为了改良土壤。南方土壤普遍缺硫，施用硫肥应该考虑土壤有效硫的临界值。当土壤有效硫含量低于 10 mg/kg 时，施用硫肥有效。

不同作物对硫反应不同，硫肥最好施在对硫肥敏感且需硫较多的十字花科的蔬菜、油料和豆科作物上，如花生、大豆等。

石膏溶解度较低，宜作基肥撒施，以便有充足的时间氧化或有效化。其他水溶性硫肥可作基肥、种肥、追肥或根外追肥施用。在降雨量大或淋溶性强的土壤上，水溶性硫肥不宜做基肥施用。在质地较轻的缺硫土壤上应选用有机肥和含硫化肥配合施用。为补充和改善土壤的硫营养，水稻一般每公顷施用 80～190 kg 石膏，基肥的用量大于追肥，作种肥用量更少，如蘸根每公顷只用 30～45 kg 石膏。水溶性硫肥应结合氮、磷、钾、镁等肥料施用，但施用硫酸铵、硫酸钾、硫酸镁、过磷酸钙等肥料时，可不必再考虑单独施用硫肥。

施用硫肥还要考虑土壤以外的硫营养来源。大气中的 $SO_2$ 可被作物直接吸收，是作物的硫营养来源之一，即使土壤供硫充足，作物从大气中直接吸收的硫也占其吸收硫量的 25％～35％。灌溉水中的硫也是硫营养的来源，当灌溉水中含硫量达到 6 mg/kg 时就可以满足水稻生长所需的硫，即使土壤供硫不足，只要用这种水灌溉就可以不再施用硫肥；如果灌溉水中含硫量低且土壤有效硫含量也低，则应注意施用硫肥。

## 五、微量元素肥料

微量元素锌、硼、铜、锰、铁、钼等作为植物营养必需元素以肥料形式进入农业生产系统，开始于 20 世纪二三十年代。就世界范围而言，到六七十年代微量元素肥料开始大面积应用于农业生产，而且施用面积还在不断扩大。

### 我国微量元素肥料的应用

我国于 20 世纪 50 年代才开始微量肥料的肥效试验，60 年代钼肥首先在大豆生产中应用，70 年代锌、锰、铜、硼、铁肥在一些地方开始应用。通过应用才逐步肯定了微量元素肥料的增产作用，阐明了部分作物缺少微量元素症状及其有效防治技术，制定了几种主要作物微肥施用技术规范。后又开展微量元素肥料与大量元素，以及微量元素之间的配合研究，在水稻、小麦、油菜、花生、大豆、番茄等作物的氮、磷、钾与锌、硼、锰等配合施用技术上取得了进展。

**1. 硼肥**

（1）硼肥的种类和性质。硼肥品种主要有硼砂、硼酸、硼泥和含硼肥料。

1）硼砂。化学名称为硼酸钠或四硼酸钠。工业用硼砂为无色半透明或白色单斜结晶粉末。无臭有咸味，溶于水，在干燥空气中易风化。硼砂是目前应用最广泛的一种硼肥，可用作基肥、种肥和叶面喷施。

2）硼酸。硼酸呈白色粉末状结晶或鳞片状带光泽结晶，无味，溶于水、酒精、甘油、醚类和香精油中，水溶液呈微酸性。在水中的溶解度随温度升高而增大，并随水蒸气而挥发。硼酸也是常用的硼肥之一，其施用方法与硼砂相同，但由于价格较昂贵，在农业生产中一般只用作根外追肥。

3）含硼玻璃肥料。将硼融熔在中度溶解的玻璃中，含硼 10%～17%。溶解度小，在土壤中缓慢释放出硼，不易被土壤吸附，也不易流失，施用一次多年有效。

4）硼泥。硼泥是生产硼砂的废渣，每生产 1 吨硼砂可得 4～5 吨硼泥。硼泥总含硼量（$B_2O_3$）约 2%～3%，可溶性硼 0.25%，呈碱性（pH 值 8～9），适用于南方酸性缺镁的土壤上作基肥，也可用作制取硼镁肥和硼钙镁磷肥的原料。

5）含硼的大量元素肥料。将适量的硼加入大量元素肥料中混合制成。如含硼过磷酸钙，此外，还有含硼石膏、含硼碳酸钙、含硼硝酸钙等。

（2）硼肥施用技术。硼肥对种子萌发和幼根生长有抑制作用，故应避免与种子直接接触，一般不用硼肥处理种子。

1）基肥。用硼砂作基肥时，一般每公顷用量为 7.5～11.25 kg，与有机肥混匀后施用。油菜、棉花等需硼较多的作物，每公顷施 1～4 kg 硼，相当于每公顷施用 9～36 kg 硼砂。硼泥作基肥施用时每公顷用量为 225～375 kg，可与过磷酸钙或有机肥混合施用，采用条施或撒施方法。硼肥做基肥施后有一定后效，能持续 3～5 年。

2）叶面喷施。硼砂、硼酸等水溶性硼肥宜作叶面喷施，施用浓度为 0.1%～0.2%的硼砂或硼酸溶液。油菜在移栽前 1～2 天，每公顷苗床用 0.2%的硼砂溶液 750 kg 根外喷施，可提高成活率和显著促进苗期生长。为了完全防治油菜生长中出现的“华而不实”，还需要在苗期、薹期分别用 0.1%～0.2%的硼砂溶液叶面喷施，每公顷溶液用量为750～1 500 kg。棉花在现蕾期、初花期和花铃期各施 0.2%硼砂溶液 1 次为好。果树在盛花期及幼果期喷施较好，硼砂溶液浓度为 0.3%；也可与波尔多液或 0.5%的尿素配成混合液进行喷施。喷后 6 h 内遇雨淋洗，需重喷。气候干旱会加重缺硼，因此，在干旱地区和干旱季节应结合灌溉施用硼肥。

## 硼肥使用中存在的问题

（1）硼肥的溶解性差，硼肥在40℃的温水中才能溶解，在冷水中溶解度很低。

（2）硼肥利用率低。硼肥施入土壤后遇低温很难溶解，大部分被土壤固定。

（3）硼肥的含硼量低。

### 2. 铁肥

（1）铁肥的种类和性质。铁肥可分为无机铁肥和有机铁肥两类。无机铁肥包括硫酸亚铁和硫酸亚铁铵等。其中硫酸亚铁是目前最常用的铁肥，含铁19%，溶解度较高，价格便宜，适于土壤施肥和叶面喷施。有机铁肥包括人工合成的铁螯合物和由造纸工业生产过程中的下脚料而制成的有机铁化合物，如木素磺酸铁、铁代聚黄酮类化合物和铁代甲氧苯基丙烷等。有机铁肥的价格比无机铁肥高许多倍，但其肥效要比无机铁肥好。

（2）铁肥的施用技术。施用铁肥的传统方法有土壤施肥和叶面喷施两种。土壤中施用铁肥对于矫正酸性土壤缺铁具有良好的效果。然而在多数情况下，对铁肥土施用的效果并不显著，这是由于亚铁在土壤中会很快转化成不溶性高铁而失效。所以，铁肥采用叶面喷施方法比土壤施用较为有效。

1）叶面喷施。叶面喷施浓度为0.2%～1.0%的硫酸亚铁水溶液。由于铁在叶片上不易流动，不能使全叶片复绿，只是喷到肥料溶液之处复绿（呈斑点状复绿），因此需要多次喷施。果树在叶芽萌发后，可用0.3%～0.4%的硫酸亚铁溶液叶面喷施，每隔5～7天喷1次，共喷施2～3次。果树、林木还可将0.2%～0.5%的硫酸亚铁溶液注射入树干内，或在树干上钻小孔。每棵树用1～2 g亚铁盐塞入孔内，效果也很好。

2）基肥。基肥采用硫酸亚铁与有机肥1∶10～1∶20混合，对防治缺铁症也有一定效果。以果树为例，对已显著失绿的病株，在果树叶芽萌发前，可先用2%硫酸亚铁溶液浸根，每株树再施入有机肥20 kg混合施用。该方法见效快，肥效可持续一年以上，是防治果树失绿病的有效措施。

3）种子包衣。用木素磺酸铁作为高粱种子的包衣剂，用这种方法将铁直接置于种子外面，有利于改善植物缺铁。用1‰的硫酸亚铁浸种，也有一定的效果。

### 3. 锌肥

（1）锌肥的种类和性质。

1）氧化锌。含锌78%。白色粉末，无臭、无味、无砂性。如果受热即变成黄色，冷却后又恢复白色。不溶于水，但溶于酸、碱、氯化铵、氨水。在空气中能缓慢吸收$CO_2$和水而生成碳酸锌。宜做基肥、种肥，不宜做追肥。

2）硫酸锌。含锌22.3%。无色针状结晶或粉状结晶。易溶于水，在干燥空气中逐渐风化，可作基肥、种肥、追肥。硫酸锌是最常用的锌肥，肥效快，不可与碱性肥料或磷肥混施。

3）一水硫酸锌。含锌35%。白色粉末结晶。溶于水。

4）氯化锌（锌氯粉）。含锌45%。白色粉末或块状、棒状晶体。潮解性强，能自空气中吸收水分而潮解。易溶于水且有腐蚀性，所以储运及施用时要注意防止触及皮肤及溅入眼睛，如接触到应立即用水冲洗。氯化锌可作基肥、种肥、追肥，不可与磷肥或草木灰等混施。

5）硝酸锌。含锌21.5%，含氮9.2%。无色四方晶体。易溶于水和酒精，pH值为4，易潮解、结块。与有机物接触能燃烧爆炸，燃烧时放出氧化氮气体。储运时注意安全，不可与有机物、还原剂、酸类共储混运，存放应远离火种、热源，防止引起爆炸，搬运时轻拿轻放，结块后用木槌轻轻敲碎。可作基肥、种肥、追肥。

（2）锌肥施用技术。施用锌肥一般用量较少，且在土壤中移动性较差。水溶性锌肥常用作种肥、种子处理、蘸秧根和根外追肥。

1）种肥。以硫酸锌作种肥，每公顷用量为15 kg。为了施肥方便，可与酸性肥料混匀后施用，但不能与磷肥混施。锌肥应施在种子下面或旁边，表施效果很差。土壤施锌可保持数年有效，不必每年施用。

2）浸种。硫酸锌溶液浓度一般为0.02%～0.05%为宜。水稻可用0.1%硫酸锌溶液，浸种12～14 h，捞出晾干，即可播种。浸种可保证农作物前期生长需要，如果作物生长在严重缺锌的土壤上，还应在生长中期追施锌肥。

3）拌种。每千克种子用硫酸锌4 g左右，先以少量水溶解，然后喷洒在种子上，边喷边拌，均匀后，晾干备用。

4）蘸秧根。在秧苗移栽时，可采用1%氧化锌悬浊液蘸根，每千根秧苗约需要1升悬浊液，浸秧时间0.5 min即用。

5）叶面喷施。硫酸锌作叶面喷施时常用浓度为0.05%～0.2%，随作物种类而异。玉米喷锌浓度以0.2%较好，适宜早喷，以苗期喷施效果最好，拔节期次之，抽雄期较差。对果树可用较高的浓度。苹果树缺锌可在早春萌芽前一个月喷施3%～4%的硫酸锌溶液，在萌芽后喷施浓度应减低到1%～1.5%，从蕾期至盛花期喷施浓度为0.2%。果树还可采用2%～3%的硫酸锌溶液涂刷一年生枝条的方法，效果都很好。

6）磷、锌肥配合施用。磷、锌配合施用量一般每公顷为磷90～135 kg、硫酸锌15 kg为宜。

## 影响微量元素肥料有效性的气象因素

温度和水分是影响微量元素肥料施用效果的主要因子。

1. 通常情况下，作物在低温时更容易表现缺锌，施用锌肥的效果也比较好。

2. 降水量多的地区，土壤有效硼含量较低；降水量少的地区，土壤有效硼含量较高。

3. 排水不良的土壤有效钼较多，会导致作物吸钼过多，甚至造成以此作物为食的牲畜产生钼中毒。

4. 在水淹条件下，土壤可溶性锰增加；而排水、通气良好的中性土壤和淋溶土中，锰的有效性降低；温度升高，土壤有效锰增加。

### 4. 铜肥

(1) 铜肥的种类和性质。常用铜肥有：5 水硫酸铜，含铜 24%～25%；1 水硫酸铜，含铜 35%，这两种硫酸铜均为蓝色结晶或粉末。螯合态铜肥含铜 13%。以上都是水溶性铜肥。

氧化铜，含铜 75%，为黑色粉末。氧化亚铜，含铜 89%，为棕红色粉末，还有含铜矿渣，又称硫铁矿渣，是炼铜工业的废渣，含铜约 1.0%，这几种属难溶性铜肥。

(2) 铜肥的施用技术。大多数土壤均可满足作物对铜的需要，一般情况下作物不会缺铜。但在某些土壤或一些作物上，缺铜也时有发生。

1) 基肥。采用带状集中施肥法是土壤铜肥较为经济的施肥方法，用量为每公顷施硫酸铜 20～30 kg，每隔 3～5 年施用一次。含铜矿渣及难溶性的氧化铜和氧化亚铜只能作基肥，一般每公顷施用含铜矿渣的用量为 450～750 kg，氧化铜和氧化亚铜为 10～15 kg，于播种前或移植前施入土壤，施用一次可维持 4～5 年。对于有机腐殖土等有效铜含量低的土壤，铜肥施入土壤后会很快被土壤固定，最好采用叶面喷施。

2) 叶面喷施。叶面喷施的效果迅速，但维持的时间较短，有时需连续喷施才能满足作物对铜的需要。喷施的浓度为 0.1%～0.4% 硫酸铜溶液，为避免药害，最好加入 0.15%～0.25%的熟石灰，兼有杀菌的作用。

3) 种肥。种子处理时，禾谷类作物的浸种浓度为 0.01%～0.05%硫酸铜溶液，玉米拌种为每千克种子用 0.5～1.0 g 硫酸铜。

## 化肥袋施法

化肥袋施法就是根据各种作物对养分的不同需求，把化肥分装入一个个塑料小袋中（这种塑料小袋是特制的，袋上有许多小孔；随时间，它会逐渐降解而不污染土壤）。在播种或移植时，把这种化肥小袋埋在农作物旁的土层里。这样在 3～6 个月的时间内，袋中化肥先是经过小孔慢慢地、不断地释放出来，而后随着塑料袋的裂解，较大量的化肥溶解出来供作物吸收利用。

这种施肥方法可以节约大量化肥和劳动力，经济实用。

### 5. 钼肥

(1) 钼肥的种类和性质

1）钼酸铵。有正钼酸铵和仲钼酸铵两种，前者为青白色结晶或粉末，含钼 49%；后者为无色或浅黄绿粉末，含钼 50%～54%，均溶于水。仲钼酸铵的结晶稳定性及溶解度都大于正钼酸铵。农业上以仲钼酸铵为主。

2）钼酸钠。含钼 35%～39%，白色结晶粉末，溶于水。

3）三氧化钼。含钼 66%，浅黄色或浅绿色粉末。加热时呈鲜黄色，在空气中很稳定，无水三氧化钼难溶于水，易溶于碱及氨中并生成钼酸盐，也能溶于各种酸中，所以三氧化钼不能与酸类物质共储或混运，并需在阴凉干燥库房中储存，这种钼肥很少单独在农田中施用，可与过磷酸钙制成钼过磷酸钙后再施用。

（2）钼肥的施用技术

1）种肥。水溶性钼肥常用作种子处理，均有良好作用。种子处理时常用的方法是拌种，按每千克种子用钼酸铵 2 g。先将钼酸铵用少量热水溶解，再兑水配成 3%～5%的溶液，用喷雾器在种子上薄薄地喷一层肥液，边喷边搅拌，充分拌匀后晾干，并及时播种。注意溶液不宜过多，或拌种后不要放置太久和太阳下暴晒，以免烂种或种皮皱裂而影响发芽。如采用浸种，可用 0.05%～0.2%的钼酸铵溶液处理种子 8～12 h。但浸种的效果不如拌种好，如大豆浸种后易使种皮脱落，不利播种和保全苗，尤其不宜机械操作，且通过钼酸铵浸种所吸收的钼很少，不能满足作物全生育期的需要。

2）叶面喷施。叶面喷施可用 0.1%的钼酸铵溶液，如大豆、花生和绿肥等，在初花期或盛花期各喷一次。

3）基肥。工业含钼废渣以作基肥施用为好，每公顷 3.75 kg 左右。可和常用化肥或有机肥混匀施用，撒施或条施，其肥效一般可持续 2～4 年。

### 6. 锰肥

（1）锰肥的种类和性质

1）硫酸锰。农用硫酸锰肥多为 7 水或 3 水硫酸锰，含锰 24%～28%。淡玫瑰红色小晶体，易溶于水。

2）氯化锰。含锰 27%。玫瑰色晶体，溶于水，易吸水潮解。

3）含锰工业废渣及废水。一些工业企业的生产废渣及废水，以难溶性锰肥为主，可作农用基肥施用，也可以用作生产其他含锰肥料的原料。施用含锰废渣及废水时，必须注意防止重金属对土壤的污染，如有害元素超过环保标准则不能施用。

（2）锰肥的施用技术

1）基肥。含锰肥料及含锰废渣等难溶性肥料均宜做基肥。含锰炉渣、废渣一般每公顷用量为 750～1 500 kg，含锰废水 3 750 kg。硫酸锰等可溶性锰肥施入土壤后，容易转变为高价锰而降低肥效，如与酸性肥料或有机肥混合采用条施，效果更好。

2）种肥。可用集中条施、浸种和拌种等方法进行，但后两种方法用肥量少、收效大、成本低，常比直接施入土中优越。硫酸锰拌种的效果不低于作种肥条施。拌种时可用少量水将硫酸锰溶解后，喷洒到种子上，并充分搅拌，每千克种子用硫酸锰 2～8 g，使种子上均匀沾满肥液。浸种浓度为0.1%硫酸锰溶液。浸种时间豆类种子为12 h，麦类24 h，稻谷需48 h，种子与溶液比例为1∶1。作种肥条施一般为每公顷用硫酸锰15～30 kg。

3）叶面喷施。叶面喷施可避免锰在土壤中被固定，也是一种有效的施肥方法。联合国粮农组织建议用0.6%～1.0%硫酸锰溶液，每公顷喷施液量750～975 kg。我国使用的浓度一般为0.1%～0.5%硫酸锰溶液，对小麦、玉米、黄豆都有不同程度的增产效果。一般以喷至叶背面滴水为止，每公顷用液量约450～1 500 kg。

**分层施肥**

分层施肥就是把肥料分别施在不同深度的土层中，以适合作物不同生长期根系对养分的吸收利用。这种施肥方法对一些在土壤中移动性小的肥料，如磷肥、钾肥等效果更好。

## 第五节　复合（复混）肥料

复混肥料生产是逐步发展的。随着基础化肥工业的发展，二十世纪五六十年代磷铵、重过磷酸钙、尿素等高浓度化肥大量生产。这些基础肥料被用于肥料的二次加工，能使复混肥料的养分浓度由20%提高到40%左右。现在美国、西欧、北欧和日本等国家的化肥消费大部分为含氮素、磷素、钾素的复混肥，60%～80%的化肥是以复混肥料销售的。复混肥的发展已成为化肥工业极其重要的内容，已成为衡量一个国家化肥工业发展程度的标准之一。

我国是世界化肥生产及消费大国，但复混肥发展起步较晚，与世界先进国家相比仍属于推广和发展的初级阶段。目前复混肥的养分浓度还以低、中浓度为主，高浓度、多养分的专用肥随着工业与农业等方面的科技进步而将迅猛发展。

### 一、复合（复混）肥料的概念、特点及养分表示法

#### 1. 复合肥的概念

土壤中的氮、磷、钾等营养元素通常不能满足作物生长的需求，需要靠施用含氮、磷、钾等元素的化肥来补足。凡只含一种可标明含量的营养元素的化肥称为单元肥料，如尿素、过磷酸钙、氯化钾等。凡至少含有氮、磷、钾三种养分中的任何两种或两种以上的植物营养元素，由化学方法和（或）掺混方法制成的肥料，称为复合肥料或混合肥料。

#### 2. 复合肥的特点

与单元肥料相比，复混肥料有许多优点，主要可归纳为以下几个方面：

(1) 养分种类多，含量高、副成分少。复混肥料至少含有两种营养元素，营养元素和种类比单元肥料多。因此施用一次，可同时供给植物多种养分，从而使植物获得较好的营养，

且有利于发挥营养元素之间的协助作用。复混肥料一般养分含量比较高，即使是低浓度的三元复混肥，也比碳铵、普通过磷酸钙肥效高。有效成分高，副成分必然少，因此只要使用合理，一般不会对土壤产生不良影响。此外，复混肥还具有一定的改土效果。一次施用复混肥可同时而又以一定比例供应两种以上主要养分，养分之间的正交互作用有利于作物产量和质量的提高。

(2) 物理性状好。复混肥料一般都经过造粒，有的还涂有疏水性膜，因而吸湿性明显降低。颗粒大小均匀，无尘，便于储存和施用，尤其适合于机械化施肥。

(3) 节省包装、储运和使用费用。1 吨磷酸铵所含的氮和磷的总量相当于 0.9 吨硫酸铵和 2.5 吨过磷酸钙，而体积却缩小了 2/3。因此可节省包装材料和运输费用，提高施肥劳动生产率。

### 3. 养分表示法

复混肥料的营养成分和含量用其所含的氮、磷、钾三要素来标志，符号和顺序为 N—$P_2O_5$—$K_2O$，养分标明量为其在复混肥料中所占百分比含量，分别用数字表示，“0”表示不含该元素。如磷酸二铵包装袋上标出养分为 18—46—0，即能够提供以下信息：每 100 kg该肥料中含有效氮（N）18 kg、有效磷（$P_2O_5$）46 kg，有效成分总量为 64 kg，不含钾素。若肥料包装袋上标出养分为 15—8—12（S），附在最后的（S）表示肥料中的钾是用硫酸钾作为原料，不含氯元素，适合于在烟草等“忌氯”作物或者盐碱地上施用。还有的复混肥料用 15—15—15—1.5（Zn）标出，表明每 100 kg 该肥料中除含有氮、磷、钾外，还含有 1.5 kg 锌，但有效成分只计算氮、磷、钾三要素。

## 二、常见复合肥料的种类与性质

### 1. 二元复合肥 （见表 3—8）

**表 3—8** 二元复合肥

| 名称 | 成分及物理性状 | 适用对象 | 作用 |
|---|---|---|---|
| 磷酸铵 | 物理性好，不易结块，可以长期储存<br>磷酸一铵和磷酸二铵两种成分的混合物。含氮 12%～18%、五氧化二磷 47%～53% | 适合于各种作物和土壤施用，应深施。宜作基肥和种肥施用 | 磷酸铵的含磷量为含氮量的 3～4 倍，故除了豆科作物之外，施用时必须配施一定量纯氮肥 |
| 硝酸磷肥 | 物理性状易溶于水，注意防潮、防晒、防水、防破损。主要组分是磷酸二钙、磷酸一铵和硝酸铵 | 适用于酸性土壤和中性土壤，对多种作物都有较好的效果。可作基肥，也可作种肥，集中施用效果更好 | 易随水流失，应优先用于旱地和喜硝作物上，在水田中施用要注意氮素流失。作种肥时，不能离种子太近，应让肥料与种子相隔一定距离；避免与根系直接接触烧种伤根 |

续表

| 名称 | 成分及物理性状 | 适用对象 | 作用 |
| --- | --- | --- | --- |
| 磷酸二氢钾 | 磷酸二氢钾属新型高浓度磷钾二元素复合肥料，其中含五氧化二磷52%左右，含氧化钾34%左右 | 广泛适用于各类型经济作物、粮食、瓜果、蔬菜等几乎全部类型的作物，烤烟需磷、钾量大，特别是需钾量大。磷酸二氢钾是用于烤烟的一种较为理想的新型肥料<br>磷酸二氢钾价格比较贵，最适合作根外追肥或浸种用 | 农业上用作高效磷钾复合肥；通过各地对各类型作物的实际施用效果证明磷酸二氢钾具有显著增产增收、改良优化品质、抗倒伏、抗病虫害、防治早衰等许多优良作用，并且具有克服作物生长后期根系老化吸收能力下降而导致的营养不足的作用 |

### 2. 三元复合肥（见表3—9）

**表3—9　　三元复合肥**

| 名称 | 成分及物理性状 | 适用对象 | 作用 |
| --- | --- | --- | --- |
| 硝磷钾肥 | 硝磷钾肥呈淡褐色颗粒肥料，有吸湿性，由硝酸铵、磷酸铵、硫酸钾或氯化钾等组成 | 已经成为我国烟草生产地区的专用肥料，作烟草的基肥或早期追肥，效果显著。每亩用量30～50kg | 硝磷钾肥有效成分高、不结块、施用方便，不含游离酸，可与种子一起播下，且磷在土壤中的固定比混合肥料中磷的固定要少，从而提高了作物对磷的利用率 |
| 硝铵磷钾肥 | N、$P_2O_5$，$K_2O$的含量均为17.5%，肥料中各组分均为水溶性 | 水稻、小麦、玉米 | 容易被作物吸收利用，对水稻、小麦、玉米等作物有良好效果，普遍认为是一种有发展前途的肥料 |

## 化肥肥效

1. 复混肥料与等养分单质化肥比较

肥效大致相当

2. 硝酸磷肥系与磷酸铵系比较

旱地作物：肥效相当；

水稻田：磷酸铵系＞硝酸磷肥系；

尿素磷铵可以广泛施用。

3. 尿素普钙（重钙）系与尿素钙镁磷肥系比较

石灰性土：尿素普钙（重钙）系＞尿素钙镁磷肥系；

酸性土壤：肥效基本相当，水稻、甘蔗等以后者较好。

4. 氯磷铵系与尿素磷铵系比较

耐氯力强的作物：完全等产等质，水稻以前者稍好；

耐氯力中等的作物：基本上等产等效；

耐氯力弱的作物：不宜施用氯磷铵系复混肥。

| 化肥级别 | 总有效养分含量 |
|---|---|
| 高浓度复合肥料 | 三元≥40% |
| 中浓度复合肥料 | 三元≥30% |
| 低浓度复合肥料 | 三元≥25% |
| 低浓度复合肥料 | 二元≥20% |

## 三、复混肥料的识别方法

在生产实践中总结几种简易的复混肥料的识别方法，具体方法是：

### 1. 看

（1）看肥料包装。正规厂家生产的肥料，其外包装规范、结实，包装袋封口严密。一般注有生产许可证、执行标准、登记许可证、商标、产品名称、养分含量（等级）、净重、厂名、厂址等。假冒伪劣肥料的包装一般较粗糙，包装袋上信息标识不清，质量差，易破漏。

（2）看肥料的粒度。氮肥（除石灰氮外）和钾肥多为结晶体；磷肥多为块状或粉末状的非晶体，如钙镁磷肥为粉末状，过磷酸钙则多为多孔、块状；优质复合肥粒度和比重较均匀、表面光滑、不易吸湿和结块，粉末较少。而假劣肥料颗粒大小不均、粗糙、湿度大、易结块。如配有加拿大钾肥的，可见红色细小钾肥颗粒。含氮量较高的复混肥，存放一段时间肥料表面上可见附着的白色或无色的微细晶体。这种晶体是由于尿素和氯化钾吸湿后形成的，劣质肥料没有这种现象。

### 2. 摸

用手抓半把复混肥搓揉，手上留有一层灰白色粉末并有黏着感的为质量优良；若摸其颗粒，可见细小白色晶体的也表明为优质。劣质复混肥多为灰黑色粉末，无黏着感，颗粒内无白色晶体。

### 3. 烧

取少量复混肥置于铁皮上，放在明火中烧灼，有氨臭味说明含氮，出现黄色火焰表明含钾。且氨臭味越浓黄色火焰越黄，表明氮、钾含量越高，即为优质复混肥。反之为劣质复混肥。

### 4. 闻

复混肥料一般无异味（有的无机复混肥除外），如果有异味，是由于基础原料氮用农用碳酸氢铵，或是基础原料中含有有毒物质，有毒物质进入农田后轻则引起烧苗，重则使农作物绝收，而且毒性残留期长，影响下季作物生长。

5. 溶

优质复混肥水溶性较好，绝大部分能溶解，即使有少量沉淀也比较细小。而劣质复混肥难溶于水，残渣粗糙而坚硬。

6. 尝

因市场上钾肥相对较缺，价格较高，有些不法厂商用红砖粉碎后充当钾肥。农民在购买时可以尝一尝红色颗粒，氯化钾有咸味，而红砖则没有咸味。

## 四、复混肥料的合理施用

复合（复混）肥料的增产效果与土壤肥力、植物种类、肥料中养分形态、施用量和比例及施用技术等有关，若使用不当不仅不能充分发挥其优越性，而且会造成养分的浪费，因此，在施用时应注意以下几个问题。

1. 因土施用

根据土壤供肥水平，因地制宜选择合适的复合（复混）肥料品种。中低产田以氮、磷为主的复合肥料比较适宜。高产地区应选用氮、磷、钾三元复合肥料，并注意补充某些微量元素。

2. 因作物施肥

根据作物种类和营养特点选用适宜的复合（复混）肥料品种。一般粮食作物以提高产量为主，可选用氮、磷复合（复混）肥料；豆科作物宜选用磷、钾为主的复合（复混）肥料；果树、西瓜等经济作物，以追求提高品质为主，施用氮、磷、钾三元复合肥料可降低果品酸度，提高甜度；烟草等“忌氯”作物应该选用不含氯的三元复合（复混）肥料。

3. 因养分形态施用

含铵态氮、酰胺态氮的品种在旱地和水田都可使用，但应深施覆土，以减少养分损失；含硝态氮的复合肥料宜施于旱地。

4. 以基肥为主施用

复合（复混）肥料中含有磷、钾等养分，实际肥料多呈颗粒状，比粉状单元肥料分解缓慢，因此作基肥或种肥效果较好，以基肥全层深施和种肥条施增产效果较显著。作种肥时必须将种子和肥料隔开 5 cm，否则会严重影响出苗率而减产。

5. 掌握合理用量

复合肥料的种类多，成分复杂，养分各不相同，施用前必须根据复合肥的成分、养分含量和植物施肥的需要计算出肥料用量。

6. 掌握肥料混合的原则

氮、磷、钾单元肥料，有些可以相互混合加工成掺混的复混肥；而另一些则不能混合，如图 3—1 所示。若将其制成复混肥料，不但不能发挥其增产效率，而且会造成资源浪费。在肥料混合过程中，由于肥料组分之间发生化学反应，导致养分损失或有效性降低，为了使肥料养分不受损失，在掺混肥料中应该避免这种情况发生，从而提高肥效和功效。

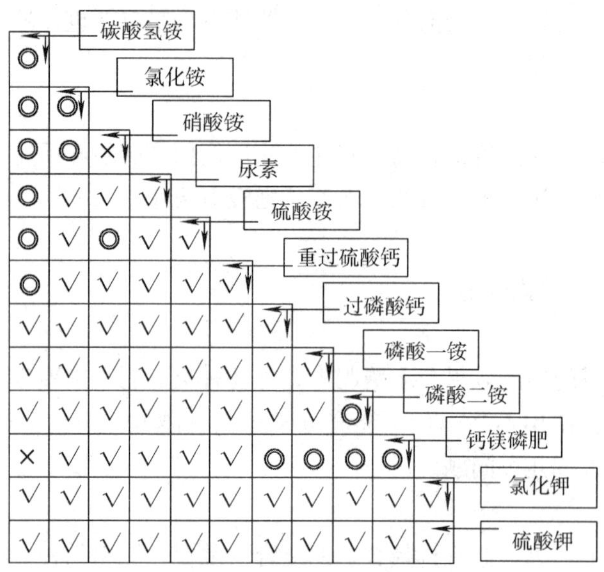


图 3—1　配料组分相合性判别图

√相配　×不相配　◎有限相配

## 第六节　叶面肥料

叶面肥是把营养元素施用于农作物叶片表面，通过叶片的吸收而发挥基本功能的一种肥料。

### 一、叶面肥的种类及性质

目前市场上的叶面肥琳琅满目，根据其作用和功能，可以把叶面肥分为以下几类：

**1. 营养型叶面肥**

这类叶面肥中氮、磷、钾及微量元素等养分含量较高，主要功能是为作物提供各种营养元素，改善作物的营养状况，尤其适宜于作物生长后期补充各种营养。

**2. 调节型叶面肥**

这类叶面肥中含有调节植物生长的物质，如生长素、激素等成分，主要功能是调控作物的生长发育等，适于作物生长前期、中期使用。

### 3. 生物型叶面肥

这类叶面肥中含有活的微生物及其代谢物，如氨基酸、核苷酸、核酸等物质。主要功能是刺激作物生长，促进作物代谢，减轻和防止病虫害的发生。

### 4. 复合型叶面肥

这类叶面肥种类很多，复合混合形式多样。其功能也多种多样，既可提高营养，又能刺激作物生长，调控发育。

## 二、叶面施肥的优缺点

### 1. 叶面施肥的优点

叶面施肥可以提高产量，改善品质，提高经济效益。与传统施肥方法相比，叶面施用具有以下优点：

> **喷施叶面肥要选择适当的浓度**
>
> 叶面施肥浓度直接关系到喷施的效果，如果溶液浓度过高，喷洒后会灼伤作物叶片；溶液浓度过低，又达不到补充作物营养的要求。所以在应用中要因肥、因作物、因条件不同对症配制。

（1）补充根部施肥的不足，避免土壤对养分的吸附固定。当作物出现在根部施肥不便时，如在作物生长后期，根系活力下降，吸肥能力降低；或者当土壤环境对作物生长不利时，如水分过多、干旱、土壤过酸、过碱，造成作物根系吸收受阻，而作物又需要迅速恢复生长，通过根部施肥不能及时满足作物需要时，这时采取叶面施肥，可以迅速补充营养，满足作物生长发育的需要。施入土壤中的微量元素容易被土壤颗粒吸附固定，有效性降低，施用效果差。叶面施肥可以避免土壤颗粒对养分的固定，可以快速矫治微量元素的缺乏，因此，叶面施肥是微量元素施肥的主导措施。

（2）养分利用率高，补充营养迅速。土壤施肥最快要3～4天才能见效，叶面施肥养分可以从叶片直接进入作物体内参与代谢过程，肥料养分损失少，见效快，可以快速补充作物生长发育中后期、特别是养分临界期营养元素的缺乏，减少因营养缺乏造成的减产。

（3）可以减轻对土壤和环境的污染。有些肥料中含有重金属，这些重金属施入土壤中会在土壤中累积，对土壤环境造成污染。而且在土壤中大量施用氮肥，容易造成地下水和蔬菜中硝酸盐的积累，对人体健康造成危害。人类吸收的硝酸盐约有75%来自蔬菜，如果采取叶面施肥的方法，适当地减少土壤施肥量，能减少作物体内硝酸盐含量和土壤中残余矿质氮素。在盐渍化土壤上施肥可能使土壤盐渍溶液浓度增加，加重土壤的盐渍化。采取叶面施肥措施，既节省了施肥量，又减轻了土壤和水源的污染，是一举两得的有效施肥技术。

(4) 充分发挥肥效，提高肥料利用率。一些果树和其他深根系作物对某些营养元素吸收量比较少，如果采用传统的施肥方法，难以施到根系吸收部位，也不能充分发挥肥效，而叶面喷施则可取得较好的效果。而且，叶面施肥可以减少肥料用量而维持同样的作物产量，提高肥料利用率。

## 蔬菜如何正确喷施叶面肥

蔬菜喷施叶面肥要因菜而异。对于叶菜类蔬菜，如白菜、菠菜、荠菜等需要氮素较多，喷施肥应以尿素、硫酸铵为主，喷施浓度尿素应为1%～2%，硫酸铵为1.5%，每季喷施2～4次，以生长前期喷施为宜。对于瓜果类蔬菜，如辣椒、茄子、番茄、豆角及各种瓜类，对氮、磷、钾的需要较为均衡，应选用氮、磷、钾混合溶液或复合肥；喷用1%～2%的尿素与0.3%～0.4%的磷酸二氢钾混合溶液或2%的复合肥溶液，一般在生长前期和后期各喷施1～2次，后期喷施可防止早衰，具有很好的增产效果。对于根茎类蔬菜，如大蒜、萝卜、马铃薯等需磷、钾较多，叶面肥可选用0.3%的磷酸二氢钾，10%的草木灰浸出液，每季喷3～4次，效果较好。

(5) 降低施用成本，经济合算。施用叶面肥可以提高肥料利用率，减少肥料用量，降低施肥成本。而且对微量元素来说，作物需求量少，施用量也很少，土壤施肥很难施均匀。只有采取叶面喷施，才能达到经济有效。研究表明，作物叶面喷施硼肥，对硼的利用率是土壤施肥的8.18倍，从经济效益上看，叶面施肥要比土壤施肥合算。

**2. 叶面施肥的缺点**

(1) 叶面施肥提供的养分数量有限，而且养分穿透率低，吸收数量少，特别是角质层厚的叶片，不能满足作物全部需要。

(2) 施用叶面肥要选择适宜的浓度，如浓度不当，会烧伤叶片，影响作物正常生长发育。

(3) 在空气湿度相对较低时，喷施的叶面肥在叶片上迅速干燥，影响吸收。

(4) 某些养分难以从吸收部位向其他部位转移。

(5) 叶面肥残效时间短，需多次喷施，费工费时。

## 喷施叶面肥要选择适当的时间

叶面施肥效果的好坏与温度、湿度、风力等有直接关系，进行叶面喷施最好选择无风阴天或湿度较大、蒸发量小的上午9时以前或下午4时以后进行，如遇喷后3～4 h下雨，则需进行补喷。

## 三、影响叶面施肥的因素

### 1. 叶片性质

叶片的叶龄、叶片的角质层厚度、叶片的代谢活性等都影响叶面施肥的效果。通常情况下，新叶比老叶易吸收；双子叶植物较单子叶植物角质层薄，叶面积大，易吸收养分。

### 2. 环境条件

在温度不太高、光照不太强的条件下，叶面施肥保持的时间长，不易蒸发、干燥。

### 3. 作物自身的营养状况

营养状况不好、养分缺乏的植株吸收养分的能力强。

### 4. 叶面肥本身的性质

喷施的叶面肥浓度适中、酸碱度适宜、与叶片接触的面积大，营养元素在叶内的移动性好，喷施效果就好。

### 5. 喷施次数与部位

喷施不易在叶内移动的元素时必须增加喷施次数，同时要注意喷施部位，才能达到预期效果。

叶面施肥易受许多条件影响，施肥效果差异很大。而且作物根部比叶部有更完善的吸收系统，对于大量元素，仅靠叶面施肥很难满足作物在整个生育期对养分的需求，只有在根部施肥的基础上，正确施用叶面肥，才能充分发挥叶面肥的作用，达到增产的目的。

### 喷施叶面肥要掌握好时期

叶面施肥要根据各种作物的不同生长发育阶段对营养元素的需求情况，选择作物营养元素需要量最多、也最迫切的时期进行喷施，才能达到最佳的效果。

## 思考题

1. 有机肥料腐熟的作用是什么？如何腐熟有机肥？
2. 绿肥有什么作用？如何合理施用绿肥？
3. 如何正确施用微生物肥料？
4. 提高氮肥利用率的途径有哪些？
5. 如何正确施用磷肥？
6. 如何识别红色钾肥？

7. 微生物肥料的有效施用条件是什么？
8. 表述复合肥料的特点。
9. 简述识别复混肥料的几种方法。
10. 肥料的合理施用原则是什么？

# 第四章　作物施肥原则与技术

**学习目标：**

◆ 通过本章的学习，使学生了解施肥基本原则，并掌握施肥技术及组成施肥技术要素的施肥量、施肥时间、施肥方式等基本知识。

◆ 掌握常规施肥技术、轮作施肥技术、保护地施肥技术要点。

## 第一节　施肥基本原则

施肥的目的一是为了营养作物，提高产量和改善品质；二是为了改良和培肥土壤。要达到这些目的，必须坚持合理施肥。而培肥地力、协调土壤和作物营养，考虑作物产量与品质相统一、提高肥料利用率和施肥效益，减少生态环境污染等是合理施肥所必须坚持的原则。

### 一、培肥地力的可持续原则

#### 1. 培肥地力是农业可持续发展的根本

土地是农业生产最基本的生产资料和作物生长发育的基地，地力是土地能够生长植物的能力。地力水平是处在不断的发展变化之中，地力的高低及变化趋势不仅取决于土地本身的物质特性，更受到外部自然环境因素以及人类社会生产活动的影响。对于农田土地，人类的农业生产活动对地力的影响远远超过了土地本身的物质特性。人类的农业生产活动，如施肥、耕作、轮作等农田管理措施，不仅直接影响着地力发展变化的方向和速度，而且决定着农业生产的水平和发展趋势，更决定着人类生存状况与质量。只有树立培肥地力的观点，才能实现农业可持续发展。

土地在农业生产中虽是一种可重复利用的自然资源，但不合理的开发和利用势必违反地力发展的客观规律。如植被的破坏造成大面积的水土流失，使土壤中大量的营养物质得不到保存，而随水冲失；草原过度放牧造成严重风蚀，使土地发生沙化和荒漠化，丧失了维持植物生长所必需的水肥条件；不恰当的灌溉导致土地盐碱化，导致了植物生长环境的恶化。总之，只从土壤中索取，而不养地，进行掠夺式的经营等，都会导致地力的下降，使土地这一宝贵的自然资源失去或降低其农业利用的价值，最终会导致农业生产不能够持续下去。

地力的维持和提高是农业生产可持续进行的基本保证，不断培肥地力可使农业生产得到持续的发展和提高，从而满足世界不断增长的人口，和由于生活水平的提高，人们对农产品在数量上和品质上不断提高的需求。

**2. 施肥是培肥地力的有效途径**

许多栽培措施，诸如耕作、施肥、灌溉、轮作等都具有一定的培肥地力的作用，其中施肥是培肥地力最有效和最直接的途径，这是因为有机肥与化肥在培肥地力上有独特作用。

（1）有机肥在培肥地力中的作用。有机肥中富含有机质和多种矿质营养元素及大量微生物，不仅可以直接供给作物所需要的有机和无机养分，而且在改良和培肥土壤方面有着重要作用。主要表现在：一是提高土壤有机质含量，改善土壤的物理性质。长期施用有机肥提高了土壤有机质含量，并促进了团粒结构，特别是水稳性团粒结构的形成，提高了土壤的孔隙度、吸水保水性、吸热保温性，协调了土壤水、肥、气、热之间的矛盾。有机肥中的腐殖质带有较多的负电荷，阳离子代换量一般比土壤矿物黏粒大10～20倍，因此，施用有机肥可提高土壤阳离子代换量，增强土壤保肥供肥能力。有机肥中的有机酸和腐殖酸具有较高的缓冲性能，可调节土壤pH值的变化和减轻一些有害元素的活性及危害。二是增强土壤生物活性，促进土壤养分的有效化，提高土壤有效养分含量。有机肥中存在有大量的种类繁多的微生物，有机肥的施用不仅将其所含的微生物带入土壤，更主要的是为土壤微生物的生命活动提供了充足的能源物质和营养物质，可激发土壤微生物的活性，一方面促进土壤有机质的矿质化，另一方面促进土壤有机质的腐殖化，既为作物提供营养物质，又可培肥地力。

（2）化肥在培肥地力中的作用。有机肥在培肥地力中的作用已是公认的事实，但化肥是否也具有培肥地力的作用却是人们长期争论的一个问题。个别地区由于不合理地长期、大量施用化肥确实出现了一些土壤肥力下降的现象，如土壤有机质含量降低，出现板结、盐碱化等问题。一些生理酸性肥料如硫酸铵、氯化铵等长期大量施用导致土壤酸化等问题，因而使人们对化肥产生了误解，认为长期单独施用化肥会使土壤肥力下降。事实上，国内外许多长期试验结果表明，合理施用化肥不仅不会使土壤肥力下降，甚至还能使土壤肥力有所提高。

1）直接作用。由于化肥多为养分含量较高的速效性肥料，施入土壤后一般都会在一定时段内显著地提高土壤有效养分含量，但不同种类的化肥其有效成分在土壤中的转化、存留期的长短以及后效等是极不相同的，所以它们的培肥地力的作用也是不相同的。

对于氮肥来说，在中低产条件下，一方面土壤对残留氮的保持能力很弱，残留氮多数通过不同途径从土壤中损失；另一方面虽然一部分氮进入了有机氮库，以有机态氮存在于土壤中，但一部分土壤氮代替了转变为有机氮库的氮肥被作物吸收利用了，因而单施氮肥不能显著和持续地增加土壤有机氮库或提高土壤全氮含量。虽然长期施用氮肥不会显著地增加土壤含氮量，但土壤供氮能力有明显提高，并与氮肥的用量成正相关。其原因是氮肥提高了作物生长量和根茬及根分泌物的数量，即增加了直接归还土壤的有机氮量。虽然增加的有机氮数量有限，但其残效是可以累加的，多年之后便可显示出供氮能力有所提高。另一个可能的原因是，持续施用氮肥可提高土壤中微生物的含量和加快土壤微生物体氮的周转率，从而提高了土壤供氮能力。

对于磷肥来说，由于绝大多数土壤对磷有强大的吸持固定力，尽管其当季利用率仅为10%～25%，较氮肥和钾肥低得多，但残留在土壤中的磷几乎不能随土壤中的水淋失，因而可以在土壤中积累起来。残留在土壤中的化肥磷绝大部分存在于非活性磷库中，仅有少部分存在于土壤的有效磷库中，但二者之间存在着平衡，当土壤有效磷库中的磷由于作物的吸收而降低后，非活性磷库中的磷可以不同的方式和速度释放出来而进入有效磷库。因而，被土壤所吸持固定的残留肥料磷并未完全失去对作物的有效性，反而使土壤具有强大和持续的供磷能力。

对于钾肥来说，温带地区的黏质土壤对钾有较强的吸持力，残留于土壤中的钾很少随水淋失，因而针对这些土壤持续施用钾肥可以不断扩大土壤的有效钾库，增强土壤的供钾能力。但是热带、亚热带土壤对钾的吸持作用很弱，残留于土壤中的肥料钾会随水流失，因而针对这类土壤不能采用连续大量施用钾肥的方式来扩大土壤有效钾库和增加土壤的供钾能力，只能采用少量多次的施用方式，以提高钾肥的利用率和施肥效益。

2）间接作用。化肥的施用不仅提高了作物产量，同时也增大了农家肥和有机质的资源量，使归还土壤的有机质数量增加，从而起到培肥土壤的间接作用。我国农家肥氮、磷来自化肥氮、磷的比例超过70%，农家肥中钾来自化肥钾的比例也会增加，但在短期内不可能成为主要部分，化肥钾仍将是我国农家肥中钾的主要来源。可见，在我国有机肥中的主要养分元素，特别是氮和磷来自化肥的比例很高，而且仍在增加。因此，在施用有机肥扩大土壤养分库和养分供应能力的作用中，有相当大部分是化肥的间接作用。

### “三宜”施肥法

我国清朝时的杨灿提出了“三宜”施肥法：

时宜　寒热不同各应其候：春用人粪尿，夏用草粪、苗粪和泥粪，秋用火粪。

土宜　土脉不一，随土用粪：阴湿地用火粪，沙土地用草粪和泥粪，高燥地用猪粪。

物宜　物性不齐当随其情，种麦、粟用黑豆粪和苗粪，种稻用骨蛤蹄角粪及皮毛粪，种瓜、种菜用人粪。

## 二、协调营养平衡原则

### 1. 施肥是调控作物营养平衡的有效措施

作物的正常生长发育取决于体内各种养分有一个最适的含量。因而通过测定作物体内某种养分元素的含量可以确定该养分的供应充足与否，如果其含量低于某一临界值，就需要通过施肥来调节该养分在作物体内的含量水平，使其达到最适范围，以保证作物正常生长发育对该养分的要求。如果作物体内某一营养元素过量，则可以通过施用其他元素肥料加以调节，使其在新水平下达到平衡。由于不同作物对各种养分的需求量不同，不同作物体内各种养分的含量也不同，而且同一作物在不同生育时期、不同组织和不同器官中，每种养分的含量也有变化，因而在诊断作物营养水平时要选择适当的测定时间、测定部位或器官，这样的测定结果才具有实际应用价值，才可作为利用施肥调节作物营养的依据。

作物正常的生长发育不仅要求各种养分在量上能够满足其需求，而且要求各种养分之间保持适当的比例。一种养分的过多或不足必然要造成养分之间的不平衡，从而影响作物的生长发育。在不平衡状况下，通过作物的营养诊断，确定某种养分的缺乏程度，以施肥调控作物营养平衡是最有效的措施。

**2. 施肥是修复土壤营养平衡失调的基本手段**

土壤是作物养分的供应库，但土壤中各种养分的有效数量和比例一般与作物的需求相差甚远，这就需要通过施肥来调节土壤有效养分含量以及各种养分的比例，以满足作物的需要。一般农田土壤若长期不施肥，其自身的养分供应能力不仅低下，养分之间也不平衡，根本满足不了现代高产作物的需求，为了实现高产就必须向土壤中施肥，这已为多年来生产实践所证实。我国北方石灰性土壤氮、磷、钾养分供应的一般状况为缺氮少磷，而钾相对充足；南方的红壤、砖红壤等不仅氮、磷、钾都缺乏，而且也不平衡。利用施肥来修复土壤营养平衡失调是基本手段，也是根本手段。

## 三、增加产量和改善品质相统一原则

**1. 施肥与作物产量**

化肥对作物的增产作用已是众所周知的事实，化肥在粮食增产中的作用要占到40%～60%的份额。有机肥的施用在我国有着悠久的历史，有机肥的增产作用一方面是通过为作物提供养分，另一方面是通过改善和培肥土壤而起作用。

**2. 施肥与作物品质**

农产品的品质包括营养品质、商品品质和符合加工需要的某些品质，它主要决定于作物本身的遗传特性，但也受到外界环境条件的影响。外界环境因素主要包括养分供应、土壤性质、气候环境和管理措施等，其中养分供应对改善作物产品品质有着重要的作用。尽管不同营养元素对产品质量的影响各不相同，但养分平衡是提高产品质量的基本保障。

（1）氮肥对产品品质的影响。氮素供应充足时，可提高禾谷类作物籽粒中蛋白质的含量，但在提高蛋白质含量的同时也往往会减少产品中碳水化合物和油脂的含量。氮素的供应也影响着作物产品中必需的氨基酸、硝态氮和亚硝态氮的含量，供氮水平适当时会明显提高作物产品中必需氨基酸的含量，供氮过量反而会降低必需氨基酸的含量，但会显著增加蔬菜类作物产品中的硝态氮和亚硝态氮含量，降低其品质。

(2) 磷肥对产品品质的影响。农产品是人和动物获得磷素的主要来源，产品中的总磷量达到一定水平才能满足人和动物的需求。充足的磷供应可以增加作物绿色部分的粗蛋白含量，从而提高其作为食品或饲料的品质。磷还可促进蔗糖、淀粉和脂肪的合成，从而提高糖料作物、薯类作物和油料作物产品的品质。磷能够改善果蔬类作物产品的品质，使果实大小均匀、营养价值高、味道和外观好、耐储存等。

(3) 钾肥对产品品质的影响。钾可增加禾谷类作物籽粒中蛋白质含量，提高大麦籽粒中胱氨酸、蛋氨酸、酪氨酸和色氨酸等人体必需氨基酸的含量，从而改善其产品的品质；增强豆科植物的固氮能力，提高其籽粒中的蛋白质含量；有利于蔗糖、淀粉和脂肪的积累，提高糖料作物、高淀粉类作物和油料作物产品的品质；提高纤维作物产品的品质和改善烟叶质量等，因而钾被称为“品质元素”。

(4) 中量和微量元素肥料对产品品质的影响。多数中量和微量营养元素在作物产品中的含量本身就是产品质量指标之一，如钙、镁、铁、锰、锌等。食品和饲料作物产品中缺乏这些元素会影响人、畜的健康，出现一些特殊的病症。此外中、微量营养元素还对作物产品多方面的品质特性有重要的影响，如钙对果蔬类作物产品的营养品质、商品品质和储藏性有着明显的影响，镁影响着一些作物产品的叶绿素、胡萝卜素和碳水化合物的含量；硫是一些必需氨基酸的组成成分，因而硫的供应会影响植物产品中蛋白质的含量和质量，硫还是某些百合科和十字花科植物产品中一些具有特殊香味物质的组成成分，因而能影响这些植物产量的品质；锰对提高作物产品中维生素（如胡萝卜素、维生素和种子含油量等）有重要作用；硼可以提高淀粉类、糖料等作物的品质，硼还可防止蔬菜作物的“茎裂病”，提高商品品质；钼可提高作物产品中蛋白质的含量等。

(5) 有机肥对产品品质的影响。有机肥对作物产品质量具有多方面的作用。首先，有机肥为完全养分肥料，所含各种养分元素与化肥中的营养元素一样影响着作物产品的质量；其次，通过改良培肥土壤从而影响作物，特别是薯类作物以及花生、萝卜、胡萝卜等产品的营养价值和商品价值；再次，有机肥中的一些生物活性物质通过对作物生长发育起调节作用，进而影响着农产品的质量。

### 3. 施肥与作物产量和品质的关系

作物产量和品质对人类是同等重要的，施肥对作物产量和品质的影响一般有三种情况：一是随着施肥量的增加，最佳产品品质出现在达到最高产量之前，如施氮量对糖用甜菜含糖量和产量的影响，以及施氮量对菠菜硝酸盐含量和产量的影响都是如此；二是随着施肥量的增加，最佳产品品质出现在最高产量出现之后，如施氮量对禾谷类作物和饲料作物产品中蛋白质含量和产量的影响；三是随着施肥量的增加，最佳产品品质和最高产量同步出现，如薯类作物达到最高产量时一般品质也是最好或接近最好。

最好的施肥结果当然是能获得最高产量又能获得最佳品质，但绝大多数作物的产量和品质对肥料的反应是属于上述第一或第二种情况，即产量和品质的变化不同步，一般的选择原则是：在不至于使产品品质显著降低或对人、畜安全产生影响的情况下，以实现最高产量为目标进行施肥；在不至于引起产量显著降低时，以实现最佳品质为目标进行施肥；当产量和品质之间的矛盾比较大时，在有利于品质改善的前提下，提高产量为目标进行施肥。因品质良好的产品具有较高的商品价值，这样可以全部或部分弥补由于产量的降低所造成的经济损失，可以选择最好或较好品质为目标；在食品或饲料作物产品严重短缺的特殊情况下，也可以选择最高或较高的产量为目标，但最起码应保证产品中有害物质含量在安全界限内，不能对人、畜产生危害。

## 四、提高肥料利用率原则

### 1. 提高肥料利用率是施肥的长期任务

肥料利用率是指当季作物对肥料中某一养分元素吸收利用的数量占施用该养分元素总量的百分数。我国目前一般氮肥的平均利用率在30%～40%，磷肥在10 %～25%，钾肥在40%～60%，有机肥在20%左右。各种肥料的利用率变幅如此之大，主要是由于其受多种因素的影响，诸如作物种类、栽培技术、施肥技术、气候条件、土壤类型等。因而不同地区，由于气候条件、土壤类型、农业生产条件和技术水平的不同，肥料的利用率相差很大。磷肥的利用率一般明显低于氮肥和钾肥的利用率，但磷肥的残效大而持久，如果把残效计算在内，磷肥利用率与氮、钾肥的利用率相近或更高。

肥料利用率的高低是衡量施肥是否合理的一项重要指标，而提高肥料利用率也一直是合理施肥实践中的一项长期的主要任务。通过提高肥料的利用率可提高施肥的经济效益、降低肥料投入、减缓自然资源的消耗以及减少肥料生产和施用过程中对生态环境的污染。提高肥料利用率的主要途径有：有机肥和无机肥配合施用，按土壤养分状况和作物需肥特性施用肥料，氮、磷、钾肥配合施用，改进化肥剂型（如造粒、复合）和改进施肥机具等。

### 2. 施肥与肥料利用率的关系

施肥技术是影响肥料利用率的主要因素之一。在相同生产条件下，随着施肥量的增加，肥料利用率下降；施肥方法也明显影响着肥料利用率，如在石灰性土壤上，铵态氮肥深施覆土比表施或浅施的利用率要高，而磷肥集中施用比均匀施用的利用率要高。不同的肥料品种利用率也有差异，一般硫酸铵的利用率比尿素和碳酸氢铵的高，水田中硝态氮肥的利用率低于铵态氮肥和尿素，石灰性土壤上钙镁磷肥的利用率低于过磷酸钙。

有机肥料和无机肥料配合施用是提高肥料利用率的有效途径之一。有机肥料和氮肥配合施用时，化肥氮提高了有机肥氮的矿化率，有机肥氮提高了化肥氮的生物固氮率，总的结果是使化肥氮的供应稳步增长，减少化肥氮的损失，从而增加了土壤中氮素的积累和化肥氮的残效，提高了肥料利用率。有机肥与磷肥配合施用能使化肥磷在土壤中更多、时间更长地保持有效状态。同时，过磷酸钙和有机肥混施还有利于减少有机肥中氮的挥发损失。各种养分的配合施用，如氮、磷、钾肥配合施用，大量营养元素肥料和微量营养元素肥料的配合施用，为作物生长发育平衡供应各种养分，可以充分发挥养分元素之间的互促作用，从而提高肥料利用率和施肥效果。

## 五、减少对生态环境污染的原则

### 1. 不合理施肥导致土壤质量下降

不合理施肥不仅起不到增产、改质和培肥土壤的作用，反而会导致土壤质量下降，肥力降低，这方面的报道很多，归纳起来主要影响有：一是引起土壤酸化或盐碱化。长期施用氮肥会导致中性和酸性土壤的 pH 值下降，大量施用含有钠以及钾的肥料可能使干旱、半干旱地区土壤的 pH 值上升。二是破坏土壤结构，导致土壤肥力下降。大量施用含有铵离子、钾离子等一价阳离子的化肥会使土壤胶体分散，理化性状恶化，水、肥、气、热失调，导致土壤肥力下降。三是导致土壤污染，进而对生态环境造成污染。大量施用氮肥使土壤硝态氮含量增加，引起地下水污染。长期施用过磷酸钙，或利用生活垃圾和污泥生产的有机肥料会使重金属元素在土壤积累而导致土壤质量下降，进而影响作物产品品质和引起生态环境的污染等。

#### 土壤重金属污染及其来源

重金属共分两类，一类是生命必需的元素如锰、锌、铁、硒等；另一类是非生命必需元素如镉、铅、银等。重金属一旦污染环境，就会对人类及其他生命的健康带来威胁。重金属进入食物链，容易发生富集作用，达到毒害水平就会危害到人类健康。

土壤中重金属的来源主要是施肥带入的。化学肥料尤其是磷肥中含有重金属，施用磷肥时就会把重金属带入到土壤中。污泥中也含有重金属，当污泥作为肥料施用时，就会把其中的重金属带入土壤；而且随着污泥用量的增加，作物中重金属含量也会增加。当这些作物作为食物进入食物链，就会在人体中累积并危害人类健康。

### 2. 不合理施肥导致生态环境污染

肥料施入土壤后，一些肥料的成分或肥料与土壤发生相互作用的产物不可避免地要进入环境，而不合理的施肥会增加这些物质进入环境的数量，造成环境污染。

（1）施肥引起的大气污染。氮对大气污染是一种自然现象，但因人类的施肥活动而加剧。施肥对大气的污染主要来自氨的挥发、反硝化过程中生成的氮氧化物、沼气及有机肥的恶臭等。施入土壤中的铵态氮肥很容易形成氨挥发而逸出土壤，特别是在碱性、石灰性土壤中，是氮肥损失的主要途径之一。土壤 pH 值和氨浓度高，通过氨挥发体系的空气流速大时，氨挥发体系中氨的平衡蒸气压就高，氨的挥发速率就快。大气氨含量增加，可增加经由降雨等形式进入陆地水体的氨量，成为造成地表水体富营养化的因素之一。而氧化亚氮和甲烷，则是增温效应很强的温室气体，氧化亚氮还可以与臭氧作用而破坏臭氧层对地球生物的保护作用，增加到达地面的紫外线强度，破坏生物循环，危害人类健康等。

(2) 施肥引起的水体富营养化。富营养化是指营养物质的富集过程及其所产生的后果，它是一种自然过程。随着水中营养物质的增加，在近海发生“赤潮”现象，是水体富营养化的表现之一。水体富营养化导致水生植物、某些藻类急骤过量增长以及死亡以后腐烂分解，耗去水中溶解的氧，而使水中氧分压下降，水体中脱氧，引起鱼、贝等动植物大量窒息死亡，死亡的动植物还使水体着色，并发出恶臭的气味。引起水体的富营养化，起关键作用的元素是氮和磷。施肥对农田地表、地下径流中氮、磷养分的增加又有重要影响。

(3) 施肥引起的地下水污染。施肥时使用的各种形态的氮在土壤中会经微生物等作用而形成硝态氮，它不被土壤吸附，最易随水进入地下水，使地下水中硝酸盐含量超标，失去其作为饮用水的功能。而磷在淋溶通过土层时，绝大部分与土壤中钙、铁、铝作用而沉积于土层中，较少进入地下水。钾进入地下水对人、畜无危害。

(4) 施肥引起食品污染。大量施用氮肥而缺少磷肥和钾肥的配施，会增加蔬菜产品中硝酸盐的含量，降低其品质，进而威胁人类健康，因为施用氮肥 1 周内，蔬菜体内硝酸盐含量会迅速上升而达到最高。人体摄入硝酸盐的 90%以上主要来源于蔬菜。食用硝酸盐的危害在于，蔬菜中的硝酸盐被摄入人、畜体内，在细菌作用下，硝酸盐可在体内还原成亚硝酸盐，而亚硝酸盐是一种有毒物质，它直接可以使人、畜中毒缺氧，引起高铁血红蛋白症，它对婴幼儿危害最大，严重者可致死。它可以形成致癌物质亚硝胺，从而诱发人、畜的消化道系统癌症，因此探讨降低亚硝胺或亚硝酸盐的生成受到了人们的重视。

## 第二节 常规施肥技术

施肥技术是将肥料施入各种栽培基质或直接施于作物的一种手段，其组成要素包括：施肥量及其养分配比、施肥时期、施肥方式和采用适当的机具等。

### 一、施肥量

施肥量是构成施肥技术的核心要素，确定经济合理的施肥量是合理施肥的中心问题。施肥量不仅受土壤、作物、气候、栽培条件等多种肥效影响因素的制约，也受到肥料价格、产品价格、产量目标等经济因素及施肥方式等技术因素的影响。

### 二、施肥时期

当施肥量已经确定后，下一步需要考虑肥料的施用时间和各时间应该施用多少肥料。对于大多数一年生或多年生作物来说，施肥时间一般分基肥、种肥、追肥三种。各时间所施用的肥料有其单独的作用，但又不是孤立地起作用，而是相互影响的。对同一作物，通过不同时期施用的肥料间互相影响与配合，促进肥效的充分发挥。

1. 基肥

习惯上又称底肥，是指在播种（或定植）前结合土壤耕作施入的肥料。对多年生作物来说，一般把秋冬季施入的肥料称为基肥。施用基肥的目的是培肥和改良土壤，同时为作物生长创造良好的土壤养分条件，通过源源不断供给养分来满足植物营养连续性的需求，为发挥作物的增产潜力提供条件。

### 基肥的施用原则

（1）有机肥与无机肥相结合的原则。

（2）基肥要有一定深度，以防止损失。

（3）基肥数量要大。

基肥从选用的肥料种类来看，习惯上将有机肥做基肥施用。近年来，有机肥的用量越来越少，化肥做基肥日益普遍。化肥中磷肥和大部分钾肥主要做基肥施用，对旱作地区和生长期短的作物，也可把较多氮肥用做基肥。目前，一般把有机肥和氮、磷、钾化肥同时施入，甚至包括必要的中量元素和微量元素肥料配合施入。

基肥的施用量一般是某种作物全生长期施肥量的大部分，但它的用量和分配比例还应考虑其他条件，如为了达到培肥和改良土壤，有机肥用量可大一些。作物生长期短而生长前期气温低且要求早发的作物及总施肥量大时，化肥的比例应大一些，在灌溉区基肥的用量一般可较非灌溉区少一些，以充分发挥追肥的肥效（特别是氮肥）。当然，随着控施肥的发展，为了节省劳力和费用，可以把肥料重点放在基肥上，作物生育期越长，种植密度越大，基肥比例则越大。

### 几种肥料的基肥施用深度

对于有机肥和钾肥来说，由于它们在土壤中移动性小，浅施肥料不能很好地与作物根系接触，故应基肥深施；对于挥发性氮肥来说，浅施易导致养分挥发损失，也应基肥深施；磷肥则应施在距地表 0～15 cm 深度为宜

2. 种肥

种肥是播种或定植时施在种子或幼株附近的肥料，可以为种子萌发和幼苗生长创造良好的营养条件和环境条件。种肥肥效的发挥是有条件的，一般在施肥水平较低、基肥不足而且有机肥料腐熟程度较差的情况下，施用种肥的效果较好。土壤贫瘠和作物苗期因低温、潮

湿、养分转化慢，幼根吸收力弱，不能满足作物对养分需要时，施用种肥一般有较显著的增产效果。一些作物（如油菜、烟草等）种子体积小，储存养分少，种子出苗后很快由种子营养转为土壤营养，施用种肥效果也较好。在盐碱地上，施用腐熟有机肥料做种肥还可起到防盐、保苗的作用。

用做种肥的肥料以腐熟的有机肥或速效性化肥为宜。选用化肥要注意肥料酸碱度要适宜，应对种子发芽无毒害作用。常用肥料中碳酸氢铵、硝酸铵、氯化铵、尿素、含游离酸较高的过磷酸钙、氯化钾等不宜做种肥。倘若做种肥时，要做到“种、肥隔离”。对于微量元素肥料一般都可以用做种肥，但硼肥与种子直接接触，对种子萌发和幼苗生长有抑制作用，应引起注意。

种肥用量不宜过大，而且要注意施用方法，否则会影响种子发芽和出苗。具体用量根据作物、土壤、气候、肥料种类等差异而不同。

### 种肥的作用

（1）供给幼苗养分并满足作物养分临界期养分的需求。

（2）改善种床或苗床的物理性质，以利种子发芽、出土和幼苗生长。

#### 3. 追肥

在作物生长发育期间施用的肥料称为追肥。其目的是满足作物在生长发育过程中对养分的需求。不同作物追肥时间不同，受土壤供肥情况、作物需肥特性和气候条件等影响。就作物需肥特性而言，作物不同生育时期生长发育的中心是不同的，因此表现出营养的阶段性。在不同营养阶段追施的肥料其作用不同，如冬小麦有分蘖肥、拔节肥、穗肥等，分别起促进分蘖、成穗和增加粒重的作用。

追肥应选用速效性化肥和腐熟的有机肥料，对氮肥来说，应尽量将化学性质稳定的硫酸铵、硝酸铵、尿素等用做追肥。磷肥和钾肥原则上做基肥和种肥，除此之外在一些高产田也可以把其中一部分做追肥，在作物生长的关键期追施。对微肥来说，根据不同地区和不同作物在各营养阶段的丰缺来确定追肥与否。

追肥在总施肥量中所占的比例受许多条件影响。生育期长的作物追肥比例要大一些；反之则小一些；有灌溉条件和降雨量充足的地区追肥比例要大一些，降雨量少的旱作区可不用追肥；豆科作物一次土壤大量施用氮肥会抑制根瘤菌的固氮作用，分次施用特别是生育期地上部喷施是非常有效的。现代施肥技术中有一个重要趋势，即增加基肥所施肥料的比例，减少追肥次数而只用于关键时期，以减少施肥用工，提高肥效。

### 追肥的原则

作物追肥应掌握肥效迅速，水肥结合、根部施与叶面施结合和需肥最关键时期施用的原则。

确定施肥时间的最基本依据是，作物不同生长发育时期对养分的需求和土壤的供肥特性。作物的营养临界期和最大效益期是作物需肥的关键时期，但不同作物及不同的养分这些时期是不同的，只有分别对待，才能充分发挥追肥的效果。当土壤养分释放快，供肥充足时，应当推迟追肥期；反之，当土壤养分释放慢，供肥不足时应及时追肥。在肥料不充足时，一般应当将肥料集中施在作物营养最大的效益期。在土壤瘠薄、基肥不足和作物生长瘦弱时，追肥期应适当提前。在土壤供肥良好、幼苗生长正常和肥料充足时，则应分期施肥，侧重施于最大效益期。在确定施肥时期时，不仅要注意作物营养阶段性，也要注意作物营养的连续性。基肥、种肥和追肥相结合，有机肥和化肥相结合既可满足作物营养的连续性，又可满足作物营养的阶段性。

### 几种作物的营养临界期和最大效率期

多数作物的磷营养临界期为幼苗期，冬小麦在分蘖始期；棉花、油菜在苗期；玉米在三叶期等。作物的氮营养临界期也多在生育前期，冬小麦在分蘖和幼穗分化期，水稻在三叶期和幼穗分化期，玉米在幼穗分化期。水稻在分蘖初期和幼穗形成期为钾素营养临界期。

作物的营养最大效率期一般在生长旺盛期。作物氮素的最大效率期为小麦在拔节到抽穗期，玉米在大喇叭口至抽穗期，棉花在开花到盛铃期。

满足作物在营养临界期和最大效率期对养分的需求，是提高产量和改善品质的重要保障。

## 三、施肥方式

施肥方式就是将肥料施于土壤和植株的途径与方法。前者称为土壤施肥，后者称为植株施肥。

### 1. 土壤施肥

土壤施肥的方式一般有：撒施、条施、穴施、环施和放射状施等。

(1) 撒施。将肥料均匀撒于地表的施肥方式称为撒施，它是基肥普遍采用的一种方式。肥料撒于田面上后，结合耕耙作业使其进入土壤当中，实现土肥相融。耕翻要有一定深度，浅施时肥料不能充分接触根系，不利于肥效的发挥。对大田密植作物生育期追施氮肥时也常采用撒施方式，像小麦、水稻和蔬菜等封垄后，追肥常采用随撒施随灌水的方法。

撒施具有省工简便的特点，但对于挥发性氮肥来说，撒施易于引起氮的挥发损失，不宜提倡。在土壤水分不足，地面干燥，或作物种植密度稀，又无其他措施使肥料与土壤充分混合时，不能用撒施方式，否则会增加肥料的损失，降低肥效。

（2）条施。条施是开沟将肥料成条地施用于作物行间或行内土壤的方式。条施既可以作为基肥施用方式，也可以作为种肥或追肥的施用方式，通常适用于条播作物。条施和撒施相比，肥料集中，更易达到深施的目的，有利于将肥料施到作物根系层，提高肥效。在肥料用量较少和对宜挥发性肥料，这种施肥方式是一种好方法。

有机肥和化肥都可采用条施。在多数条件下，条施肥料都须开沟后施入沟中并覆土，有利于提高肥效。条施若只对作物种植行实行单面侧施，有可能使作物根系及地上部在短期内出现向施肥一侧偏长的现象，所以应注意作物两侧开沟要对称。

（3）穴施。穴施就是在作物预定种植的位置或种植穴内，或在作物生长期内按株或在两株间开穴施肥的方式。穴施法常适用于穴播或稀植作物，是一种比条施更能使肥料集中施用的方法。穴施是一些直播作物将肥料与种子一起施入播种穴（种肥）的好方法，生育期单株打孔做追肥也是非常有效的，也可以作为基肥的施用方法，施肥后要覆土。

有机肥和化肥都可采用穴施。为了避免穴内浓度较高的肥料伤害作物根系，采用穴施的有机肥须预先充分腐熟，化肥须适量，施用的位置和深度均应注意与作物根系（或种子）保持适当距离。

（4）环施和放射状施。环施和放射状施是以作物主茎为中心，将肥料做环状或放射状施用的方式。一般用于多年生木本作物，尤其是果树。

环施的基本方法是以树干为圆心，在地上部的田面开挖环状施肥沟，沟一般挖在树冠垂直边线与圆心的中间或靠近边线的部位，一般围绕靠近边线挖成深、宽各30～60 cm连续的圆形沟，也可靠近边线挖成对称的 2～4 条一定长度的月牙形沟，施肥后覆土踏实。来年再施肥时可在第一年施肥沟的外侧再挖沟施肥，以后逐年扩大施肥范围。放射状施肥是在距树干一定距离处，以树干为中心，向树冠外挖 4～8 条放射状沟，沟长与树冠相齐，来年再交错位置挖沟施肥。施肥沟的深度随树龄和根系分布深度而异，一般以利于根系吸收养分又能减少根的伤害为宜。

## 气候条件与合理施肥

气候条件不仅影响土壤养分的供应与转化，而且影响着作物体内的代谢活动及其对养分的吸收。

1. 光照

光照对作物吸收、利用养分的影响主要表现在：一是提供作物吸收养分时消耗的能量；二是提供原料；三是激活酶。当光照不足时，要控制氮肥的用量，以避免发生氨中毒。

2. 温度

温度影响根系对养分的吸收能力，当温度升高时，作物吸收养分的数量增加，而且温度对作物吸收氮、磷、钾的影响最为突出。温度还影响土壤养分的活化和扩散速率。

因此，寒冷地区基肥、追肥和种肥中氮、磷、钾肥要早施。

3. 降水

降水影响土壤水分状况。土壤水分是化肥溶解和有机肥矿化的必要条件，土壤养分必须依靠水分通过扩散和质流的方式向根表迁移并被作物吸收、利用。干旱会影响作物对养分的吸收，但降雨过多又会使养分流失。所以雨天和降雨季节不宜多施肥。

**2. 植株施肥**

叶面施肥、注射施肥、打洞填埋和涂抹施肥等方式都属于植株施肥。

（1）叶面施肥。叶面施肥是把肥料配成一定浓度的溶液喷洒在作物体上的施肥方式。它用肥少、收效快，又称根外追肥。

叶面施肥是土壤施肥的有效辅助手段，甚至是必要的施肥措施。在作物的快速生长期，根系吸收的养分难以满足作物生长发育的需求，叶面施肥是有效的措施。在作物生长后期，根系吸收能力减弱，叶面施肥可补充根系吸收养分的不足。豆科作物叶面施氮不会产生根瘤固氮而对作物对氮的吸收产生抑制作用，是有效的施肥手段。对微量元素来说，叶面施肥是常用而有效的方法。叶面施肥也是有效的救灾措施，当作物缺乏某种元素，遭受气象灾害（冷冻霜害、冰雹等）时，叶面施肥可迅速矫正症状，促进受害植株恢复生长。

（2）注射施肥。注射施肥是在树体、根、茎部打孔，在一定的压力下，把营养液通过树体的导管，输送到植株的各个部位，使树体在短时间内积聚和储藏足量的养分，从而改善和提高植株的营养结构水平和生理调节机能，同时也会使根系活性增强，扩大吸收面，有利于对土壤中矿质营养的吸收利用。

（3）打洞填埋法。打洞填埋法适合于果树等木本作物施用微量元素肥料。在果树主干上打洞。将固体肥料填埋于洞中，然后封闭洞口。

（4）蘸秧根。将肥料配成一定浓度的溶液，浸蘸秧根，然后定植的施肥方法称为蘸秧根。这种方法适用于水稻、甘薯等移栽作物。

### 根外追肥需要注意的事项

1. 叶片湿润时间要尽量长。
2. 溶液要附着在叶片上。
3. 溶液浓度要适当。
4. 溶液酸碱度要适中。
5. 溶液要喷在叶背上。
6. 根外施肥不能代替土壤施肥。

### 3. 种子施肥

种子施肥是指肥料与种子混合的一种施肥方式，包括拌种法、浸种法和盖种肥法。

（1）拌种法。将肥料与种子均匀拌和或把肥料配成一定浓度的溶液，与种子均匀拌和后一起播入土壤的一种施肥方式。拌种要注意浓度和拌种后立即播种两个关键技术。

（2）浸种法。用一定浓度的肥料溶液浸泡种子，待一定时间后，取出稍晾干后播种，浸种法和拌种一样要严格掌握浓度。

（3）盖种肥。对于一些开沟播种的作物，用充分腐熟的有机肥料或草木灰盖在种子上面，叫做盖种肥，有保墒、供给养分和保温作用。

## 土壤水分含量对施肥效果的影响

土壤水分含量是土壤肥力最重要的因素之一，对施肥的影响主要有以下几个方面：

1. 施用的肥料经土壤中水分溶解后，才能被作物根系吸收。

2. 土壤水分含量对根系发育影响很大，水分适宜时作物根系可以正常发育，能充分吸收不同土壤深度的养分。土壤水分过少或过多都会影响根系发育，从而影响根系对养分的吸收。

3. 土壤水分含量对土壤中微生物活动有一定影响。水分过多或过少都对微生物的活动不利，对土壤有机质中养分的释放及肥效都有一定的影响。

4. 土壤水分能够影响使用的肥料及土壤中原有养分的有效形态、移动和扩散范围，从而影响作物的吸收。

土壤含水量对施肥效果影响很大，在农业生产中，通过合理灌溉或排水，控制土壤水分含量达到增加土壤有效养分含量，提高施肥效果的目的。

### 4. 其他施肥方式

（1）灌溉施肥。肥料随灌溉水施入田间的过程叫做灌溉施肥。包括滴灌、渠灌和喷灌等，在灌水的同时按照作物生长发育各个阶段对养分的需要和气候条件等准确地将肥料补加和均匀施在根系附近及叶面上被作物吸收利用。灌溉施肥是定量供给作物水分、养分及维持土壤适宜水分和养分浓度的有效方法。这种方法不仅用于田间施肥，而且用于温室栽培作物施肥。目前，在果树和蔬菜上应用广泛，都表现出了增产作用。滴灌施肥由于肥料准确和均匀施在根系周围并按作物需肥特点供应，肥效快、肥料利用率高，又可节省肥料用量和控制肥料的入渗深度，减轻施肥对土壤结构的破坏和环境污染。但灌溉施肥投资较高，需要肥料注入器、肥料罐以及防止灌溉水回流到清洁水的装置等设备，而且要用防锈材料保护设备的易腐蚀部分，在温润土壤边缘有盐分积聚和根系数量与体积减小现象。

灌溉施肥所用的肥料应是水溶性化合物，主要是氮肥，少数磷肥、钾肥以及复合肥也可灌溉施用。微量元素肥料应是水溶性或螯合态的化合物。

灌溉水养分浓度及土壤 pH 值是影响灌溉施肥质量的两大因素。灌溉水 pH 值不能高于 7.5，pH 值高时会在管道中及滴头上形成钙、镁的碳酸盐和磷酸盐沉淀，而且高 pH 值会降低锌、铁、磷等对作物的有效性；pH 值过低会伤害根系和导致土壤溶液中的铝、锰的浓度增加，对作物产生毒害。

灌溉施肥中氮肥浓度要控制，对于大多数作物适宜的氮肥浓度为 0.3%左右，最高不宜超过 0.6%，在向无作物的土壤中施氮这一浓度也可以，甚至还可以高一些。

(2) 免耕施肥。免耕技术是相对传统耕作而言，是一种保护性耕作措施，主要在我国的西北半干旱地区的沙田上实行免耕。免耕施肥是由免耕技术而产生的，即在免耕条件而进行的施肥。

在免耕条件下，施肥深度变浅，不论有机肥还是化肥，都只能施在表面，覆盖在种植行上或施于种植行几厘米深的土层内，因此有效态磷、钾养分主要富集在耕层，速效态氮主要积累在底层。在免耕条件下施肥，有机肥要充分腐熟，氮肥一次施用量不可过多，尤其要注意在作物生长中、晚期追肥和在表土湿润条件下施肥，做到肥水相融，以利养分向周围土壤移动扩散。

免耕施肥的基本方法是做种肥，通常氮肥和磷肥随种子一起施入（分层或侧施），钾肥则可撒施于土表或施于覆盖种子的松土表面。在氮肥用量大、降雨量多或有灌溉条件的地区，氮肥可有一部分在植物生育期在地表追施。

与常规耕作施肥相比较，氮肥由于施用较浅，损失较多，总施肥量应适当增加。钾肥因无挥发损失问题，也更易被土壤吸收，所以肥效与常规耕作施肥时相当。磷肥效果与土壤全层施相比效果往往较好，这与磷肥移动差，易集中在表层施肥位置，以及免耕条件下作物根系分布较浅，吸收量有所增加有关；而且可以减少磷肥与土壤的混合，由此而减少了土壤对磷的固定作用；另外，地表植株残体多，腐熟后产生有机酸利于磷的有效化。

(3) 机械化施肥。通过机械完成施肥的全过程或部分过程都可称为机械化施肥。机械化施肥具有施肥效率高、用量易于调控、用量准确、容易实现深施等优点。

## 免耕及其优点

免耕是播种前不单独进行土壤耕作直接在茬地上播种，作物生长期不进行土壤管理的耕作方法。

免耕的优点：① 减少耕作机械多次作业而压实、破坏土壤结构。② 降低成本和能耗。③ 地面保存残茬覆盖，有利蓄水保水、防止水土流失和土壤风蚀，减轻环境污染，提高土地利用率。

撒施肥料可利用肥料抛撒机将肥料均匀施入田面而后耕翻。也可将肥料用排肥器排入犁沟当中。种肥通常利用施肥播种机一次完成播种和施肥作业，实现肥、种分层或侧深施。植物生育期追肥可利用追肥机，追肥机一般依次完成开沟、排肥、覆土和镇压 4 道工序。

## 第三节　轮作施肥技术

轮作施肥制度是指针对某个轮作周期而制订的施肥计划，包括不同茬口的肥料分配方案和作物施肥制度，而作物施肥制度则是指针对某一作物的计划产量而确定的施肥技术。

### 一、轮作的类型及其肥力特点

**1. 一般轮作类型**

我国从南到北，主要轮作类型有：在城市近郊，以蔬菜为主的高效立体种植；在水浇地上，小麦和玉米（水稻）为主的年内轮作和年间复种连作；一般旱地上，冬小麦和各种耐旱作物如谷子或甘薯组成的复种轮作；丘陵坡地上，以果树为主的果、草、油立体种植和以一年一熟和两年三熟轮作换茬为主的粮食作物轮作。按熟制特点来分，常见的轮作、连作类型有一年一熟制、一年两熟制、两年三熟制和三年五熟制等。

**2. 不同轮作类型对土壤理化性质的影响**

（1）连作对土壤理化性质的影响。在同一田地上，长期连作会对土壤理化性质产生诸多负面影响：导致土壤中某种单一营养元素缺乏，造成养分间比例失调；容易引起土壤传染病虫害、杂草的蔓延与危害；可能出现植物残体和根系分泌物中的有毒物质在土壤中积累，使作物自身中毒，导致作物生长不良，产量降低，品质变劣。

（2）轮作对土壤理化性质的影响

1）改善土壤理化性质。不同的作物其生物量及透光率等都不同，对土壤水分和温度的影响也不同。而且，不同作物根系的多少、粗细、分布范围和根系分泌物不同，对土壤有机质含量的影响也不同，因此对土壤结构、孔隙度等的影响也不同。

2）调节土壤养分和水分的供应。不同作物或同一作物的不同品种需要养分的种类、数量、形态和时期各不相同，禾谷类作物对氮、磷和硅的吸收量较多，而对钙的吸收量较少；豆科作物吸收大量的氮、磷和钙，而吸收硅要少些；烟草、棉花等经济作物消耗钾较多。因此，可以通过不同作物合理轮作，充分发挥土壤的潜在肥力，调节对作物养分的供给，延缓地力的减退。

#### 重、迎茬的危害

重茬是指在同一地块连续种植同一种作物，迎茬是指在同一地块隔一茬再种植同一种作物。

在同一块土地上连续多次种植同一种农作物，就会破坏土壤的营养结构，土质退化、土壤中单一养分过量消耗，土传病害加重。表现为土壤不松软、容易结成硬块，而且农作物生长慢、容易得病。这对土壤的危害很大，为了避免这种状况，应采用轮作制度。

不同作物需要的水分数量、时间和吸水能力不同。小麦、玉米和豆科作物需水多，耐旱能力弱；谷子和甘薯需水少。对不同需水量的作物进行合理轮作，可以有效地利用全年自然降水和土壤中蓄积的水分；对根系深浅不同的作物进行合理轮作，可以充分利用不同土壤空间的养分和水分。

3）抑制农作物病虫草害。许多作物的病虫害是通过土壤传播的。许多病虫对寄主具有一定的选择性，而它们在土壤中一般可存活 2～3 年，少数甚至可以存活 7～8 年，实行轮作可使病虫遇到不相应的寄主，断绝其食物来源而死亡。

**3. 轮作制下茬口土壤肥力特性**

通常情况下，按照作物对土壤养分吸收消耗与生物量归还数量的多少和换茬间隙长短，把茬口土壤肥力特性分为：生茬、熟茬、半熟茬和休闲茬。

（1）生茬。是指栽培过禾谷类作物、块根、块茎类作物和茎叶类作物的茬口。由于这类作物的生物量高，以消耗地力为主，在收获时又将大部分生物量拿走，其养分归还的数量少。在这种茬口上安排下茬作物时，必须增施肥料。

（2）半熟茬。是指栽培过油料作物、食用豆类作物的茬口。这类作物生物量较大，子粒收获后，通过根茬和落叶归还的生物量为干物质总量的 20%～40%，且归还的养分总量也高。在这类茬口上安排下茬作物时，增施肥料要适度，重点是协调养分之间的平衡问题。

**茬口**

是指在一块地上栽种的前后季作物及其替换次序的总称。前季作物称为前茬，后季作物称为后连。狭义的茬口指前茬。

（3）熟茬。是指栽培过豆科绿肥、牧草等作物的茬口。由于这类作物是作为绿肥而栽培，也称养分作物。茬口对后作土壤养分状况有明显的改良作用。同时，绿肥翻压也可补充和更新土壤有机质。由于有绿肥的养地作用，所以绿肥是麦类、玉米、水稻及各种经济作物的良好前作，表现有一定增产作用。在这类茬口上安排下茬作物时，应控制肥料特别是氮素的用量，而要注意磷、钾肥的供应。

（4）休闲茬。在地多人少的国家普遍实行的茬口，而在我国作物轮作中是一种特殊的茬口，作为轮作中调节地力的一个重要环节，一般在干旱缺肥的丘陵地区应用，因为它可以活化土壤养分，接纳雨水，对稳产和高产起一定的作用。当然，休闲茬对土壤肥力的提高，是以消耗土壤潜在肥力为代价的，所以在休闲茬上安排作物仍要尽可能地增施有机肥，以补充土壤有机质和养分。

#### 4. 轮作制下作物养分归还特性

由于不同营养元素在植物体中的分布不同，植物通过根茬、枯落物归还给土壤的生物量的多少不一，所以作物收获后不同元素归还于土壤的养分比例也不一样。按营养元素通过根茬、枯落物归还土壤的数量占生物体数量的比例大小将其分为以下三种。

（1）低度归还型。氮，磷，钾三种营养元素，通常归还比例低于 10%。在禾谷类作物中三种元素的平均归还比例约为：氮 7%，磷 2%，钾 6%，为了保持土壤中养分平衡，在轮作施肥中必须重视氮、磷、钾肥的补充，特别是磷的补充。

（2）中度归还型。钙、镁、硫、硅和钠等营养元素，通常归还比例为 10%～30%。在禾谷类作物中这些元素的归还比例大致为：镁 11%，钙 20%，硫 17%，硅 27%，钠 22%，这些元素在酸性土壤上应补给，而在石灰性土壤上可以不必补给。

（3）高度归还型。铁、铝和锰等营养元素，通常归还比例一般大于 30%。在禾谷类作物中这三种元素的归还比例一般为：铁 65%，铝 71%，锰 32%，对于这些元素一般可以不必补给，但在石灰性土壤上由于该元素的有效性低，有时也需补充一些铁和锰。

### 作物的生物学特点与合理施肥

1. 禾谷类粮食作物，如小麦、玉米、水稻等，对氮、磷的反应都较好，在多数地区增施氮、磷肥料均有明显增产效果。

2. 棉花、烟草、油菜等经济作物，对养分的需求比禾谷类作物多，除适量施用氮肥外，它们对磷、钾也很敏感，在适施氮肥的基础上，施用磷、钾肥能明显提高产量和改善品质。

3. 豆科作物和豆科绿肥作物，能通过固氮作物为自身和其他作物提供一定的氮素，因此可少施氮肥，但豆科作物对磷敏感，应增施磷肥。

4. 蔬菜作物，不同蔬菜作物中，叶菜类需氮多，根菜类需磷、钾多，果菜类需氮、钾多。

## 二、轮作制度下肥料的分配原则

由于各茬口土壤肥力特性不同，在轮作制度中不同茬口肥料的分配是不一样的。针对某一轮作周期中不同作物如何统筹安排肥料，做到合理施肥，应掌握以下原则：

#### 1. 一般分配原则

（1）均衡增产原则。在一个种植区域内，一般要种植多种作物，且按不同的轮作方式进行换茬种植，而这些作物的栽培都是按照人类生活的需要而进行的，所以肥料分配应统筹考虑，全面安排，保证所有作物都增产。在不同种植物区，在肥料分配上应给予重点作物以足够的保证，为主要作物获得高产创造充足的物质条件。

(2) 效益优化原则。在农业生产成本中，肥料投资占农业生产总投资的40%～50%，这一比例还随着投资者的科技水平而发生变化，若施肥不合理，过多或过少都会造成养分比例失调，导致减产，这一比例就会更大。一般来讲，施肥的经济效益与肥料的增产效应直接相关，而后者与作物种类、土壤类型和农业技术措施关系很大，这都将影响着肥料的经济效益。

## 作物的根部营养特点与合理施肥

作物的根系分直根系和须根系两种类型。无论是直根系作物还是须根系作物，其根系大都分布在离地面0～40 cm以内。影响作物根系生长与分布的环境因素主要有：水分、空气、土壤温度、土壤养分种类及含量等。在一定范围内，一般是：干长根，湿长苗；有氧长根，无氧长苗；冷长根，热长苗；瘦土长根，肥土长苗；磷促根长，氮促苗长。

按照根系分布的特点，在施肥中深、浅施结合，有利于作物吸收养分和充分发挥肥效。

肥料投资效益变化的总趋势是，随着肥料用量的增加，边际产量、边际利润、经济效益均递减。所以，当肥料有限时，在保证作物优质、高产的前提下，将少量肥料施在较大面积上要比大量肥料集中施在小面积上所获得的经济收益要高。基于上述原因，要改变过去那种好地多上肥、瘠薄地少施肥或不施肥的状况，以充分发挥肥料的增产潜力，提高肥料增产的经济效益。

施肥的方式、方法和其他农业技术措施也都直接影响着肥料的经济效益。因为减少肥料中的养分损失，提高肥料的利用率，实际上就等于增加了施肥的经济效益。

(3) 用养结合原则。栽培作物必然要从土壤中带走大量养分和消耗土壤肥力。作物在生长期间所形成的全部有机物，其中有70%～90%以收获物及产品的形态移出田外，而以残茬、落叶和根的形式归还于农田中的数量不多，一般仅为10%～30%。为了恢复地力和保持土壤养分平衡，做到用地与养地相结合，不断培肥地力，就必须以施肥方式向土壤补充足量的有机肥料和矿质肥料，或者通过种植绿肥作物和轮作来恢复肥力，从而协调好土壤养分、水分、空气和温度的关系。

(4) 可持续发展原则。化肥的使用一方面能维持和提高土壤肥力，使土壤可持续发展，另一方面如果分配不当，施用不合理可能会造成硝态氮的富集、重金属的积累等环境污染，导致农产品品质下降、农业成本提高、产量降低和经济效益下降等。

因此，在肥料分配上要依据茬口土壤肥力特性，着重考虑养分的适量施用，肥料种类的恰当选择与分配。例如，北方石灰性土壤上，在熟茬上种植禾谷类作物则应考虑稳定氮肥的基础上，增施磷肥，而磷肥中要考虑应用含重金属镉少的品种，如磷酸二铵等，在高产条件下还应考虑钾肥和微肥的施用，这样既注意了补充养分，又不致施肥过量造成污染，还能使养分平衡，保持地力。

### 砂土施肥注意事项

1. 要大量施用有机肥，提高土壤有机质含量，改善保肥供肥能力。由于砂土通气状况好，有机质易分解，施用未完成腐熟的有机肥和牛粪等冷性肥料也可。

2. 砂土施用化肥要少量多次，同时要结合有机肥施用，以提高肥效。

**2. 不同轮作制度下的肥料分配原则**

（1）一年一熟制肥料分配原则。以大豆—小麦—玉米 3 年轮作为例。总的原则是培肥地力，保证重点，有机肥主要分配在小麦上，在有机肥充足的地区玉米也可以分配一些。在化肥分配上氮肥重点放在小麦和玉米上，大豆少施氮。磷肥重点施在大豆和小麦上，玉米少量施用。

（2）一年两熟制肥料分配原则。以小麦—玉米—小麦—玉米复种连作为例。总的原则是养分要全，数量要足。有机肥料的分配有两种观点：第一种观点认为，应主要分配在小麦上，因为小麦生育期长，需要养分持久供应，且小麦比玉米更为重要一些，而玉米生长期间高温多雨，可以充分利用其后效；第二种观点认为，小麦、玉米都需要有机肥做基肥，其中60％～70％施在小麦上，30％～40％用在玉米上，保证均衡增产。对于化肥的分配，小麦、玉米应同样对待，要区分地力情况和产量目标而确定。在高产麦田，要控制氮肥用量，增加磷、钾肥补施微肥；在高产玉米田要稳施氮肥，增加磷肥与锌肥使用；在中产田要加强氮、磷肥的配合。

（3）两年三熟制肥料分配原则。以冬小麦—甘薯—春玉米为例。总的原则是保证一年多熟的，兼顾好一年一熟的。有机肥的分配主要考虑冬小麦和春玉米，尤其是要加强春玉米有机肥的施用，这样既能为春玉米提供营养，又能为下茬冬小麦提供营养。化肥的分配，冬小麦和春玉米都要增加氮、磷肥的施用，而种植甘薯更要考虑钾肥的施用，减少一些氮肥。

（4）立体种植肥料分配原则。以小麦/玉米—大白菜—小麦—大豆为例。立体种植本身就是高效种植模式，对土壤养分消耗较大。所以，总的原则是多施有机肥，施好氮肥，养分协调，数量充足。在有机肥的分配上要重点放在小麦和大白菜上，若第二年夏播玉米，这两茬可以各占 50％的分配，若第三年夏播大豆，则大白菜占 60％～70％。对于化肥的分配，要适度增加对大白菜氮肥的投入，同时要多施磷肥、钾肥和一些微量元素肥料。

### 黏土施肥注意事项

1. 施用有机肥料时，应施用富含有机质且腐熟好的农家肥和马粪等热性肥料。

2. 化肥可一次性多施，但如果氮肥过量，后期会引起作物贪青晚熟，导致减产。

### 三、轮作制度下施肥计划的制订

轮作周期内施肥计划的制订包括肥料分配方案和作物的施肥技术两个方面的内容。其中肥料的分配方案，应针对具体的轮作方式而制定。具体步骤如下：

1. 调查研究，收集有关资料。了解当地的轮作方式和产量水平、肥料施用现状、当地的气候条件和土壤肥力状况。

2. 估算轮作周期内作物对养分需要总量。

3. 估算轮作周期内土壤供给的养分总量。

4. 估算轮作周期中实现养分平衡时补给养分量。

首先估算轮作周期内各个作物需要补充的养分量，然后把各茬作物各种需要补充的养分量汇总，就是整个轮作周期内实现养分平衡所需要补充的总量。

5. 轮作周期内各作物施肥技术

有了需要补充养分总量的数字和各作物需要补充养分的数量，根据现有肥料的种类、品种及其利用率和养分含量，考虑各作物的需肥特点，然后分别制定各作物的肥料施用时间和施肥量，特别是确定好基追比和施肥方法，以及与之配套的栽培技术。要特别提醒的是，实际施肥量可稍高于计算的施肥量，以培养地力之用。

## 第四节　保护地施肥技术

### 一、保护地类型及施肥概况

保护地栽培是指在不适合作物生长发育的寒冷或炎热季节，利用防寒保温或遮光降温设备，人为创造适合于作物生长发育的小气候条件，进行栽培的方法。保护地栽培也称设施栽培，是大型现代化温室、节能日光温室、塑料大棚和地膜覆盖栽培等设施栽培的总称。

**1. 保护地主要类型**

（1）简易设施型。是指利用简易覆盖、风障、阳畦、温床等设施进行栽培的保护地类型。主要用于北方地区越冬作物（蔬菜）栽培和分布于雨水较少的西北地区。

（2）软化和遮阳设施型。前者是指在遮光密闭、黑暗或半黑暗条件下，使作物（蔬菜）植株或部分生长组织软化的一种保护地类型，包括软化室和窖等。遮阳设施型则主要用于作物的越夏栽培、育苗、分苗以及移栽后缓苗期管理等。常用的遮阳设施有：草帘、稻草、塑料薄膜和遮阳网等。

（3）地膜覆盖型。指将质地极薄的塑料薄膜覆盖于地表或近地面表层进行保护性栽培的保护地。可分为露地地膜覆盖和多层覆盖下的地膜覆盖。前者多用于粮、棉、油料等作物的生产，后者主要用于瓜果蔬菜的生产。

（4）塑料薄膜棚。指用竹、木、钢筋、水泥或管材等做骨架，以塑料薄膜为覆盖材料进行栽培的一种保护地。可分为中小型塑料拱棚和大型塑料棚两种。前者主要用于春提早、秋延后及防雨栽培，或蔬菜幼苗栽培，后者简称塑料大棚。因其投资少，作业方便，增产效果显著，抗灾能力强，是目前蔬菜保护地的主要形式之一。一般用于蔬菜春提早或秋延后栽培。

（5）温室。在我国应用较多的温室按照采光材料分为3类：即玻璃温室、塑料薄膜温室和玻璃钢温室。目前我国温室95%以上为日光温室，其中50%以上是高效节能日光温室，是我国北方各省为了解决蔬菜的周年供应而发明的一种特有的温室类型。它能最大限度获得并保存太阳辐射能，完全不进行人工加温，它的出现，从根本上解决了我国“三北”地区冬季蔬菜供应不足的问题。

我国保护地类型并不复杂，其中地膜覆盖在生产中应用最为广泛，并主要用于大田作物的栽培，起提温、保温、防旱和消灭杂草的作用。塑料棚和日光温室主要在经济价值较高的作物上应用，如蔬菜栽培，花卉种植。目前，日光温室的开发面向多元化发展，如养猪、养鸡、生产蘑菇和栽培果树等综合利用。

### 保护地施肥存在的问题

1. 氮、磷、钾用量过大，养分比例失衡。
2. 肥料品种与施肥方法不合理。
3. 不重视钙、镁及微肥的施用，作物的生理病害严重。
4. 污染严重。

#### 2. 保护地施肥概况

我国以土壤为基质的保护地施肥经历了从经验施肥到平衡施肥，再到目前的环保施肥阶段。此外，保护地土壤的肥力特征及其培育，设施条件下的作物需肥规律、施肥与作物品质，以及水、肥、气、热的变化和施肥技术等方面的研究也在不断地深入发展。

## 二、保护地的土壤肥力

#### 1. 土壤养分含量高

菜农由于受经济效益的驱动，在保护地里大量投资，特别是施用肥料，经过一段栽培，使保护地里的土壤养分含量明显高于露地土壤。

#### 2. 具有良好的土壤结构

保护地面积小，经济效益高，栽培者高度重视。由于生产上连年高量施用有机肥，深耕细耙，加之保护地内种植的作物种类多，对土壤影响大，因此保护地熟化层厚度常在 40 cm 以上，容重总孔隙度适宜，土壤固、液、气三相比例相对协调。就土壤颗粒组成而言，保护地内细土壤颗粒组分高于非保护地，这可能是保护地高温、高湿环境促进了土壤黏化过程的进行。良好的土体结构赋予土壤较好的保水、保肥能力和良好的通气性，从而有利于根系的正常呼吸和对水分、养分的正常吸收。

**3. 土壤微生物变化较大**

保护种植后，由于光、温、水和气都发生了变化，必然影响土壤微生物。保护地内以硝酸细菌与亚硝酸细菌的变化最为突出，在大棚土壤中其含量明显较露地为高，从种植时间来看，种植年限长的大棚中亚硝酸细菌较种植年限短的大棚中为高，而硝酸细菌变化正好相反，硝酸与亚硝酸细菌的变化主要是由于在大棚土壤中反应底物的数量增加，而过多地一次大量施用氮素化肥又会抑制硝酸细菌的数量，而对亚硝酸细菌却无影响。

**4. 土壤温度、 湿度比较稳定**

由于保护地采用了不同覆盖材料，人为地使其土壤温度便于调节。在外面寒冷时，可以通过地面覆盖、地下加温等措施使土壤温度和空气湿度较为稳定，使其处于作物生长发育的适宜条件下，所以说保护地具有温室效应，有温度逆转快和与露地相比日温差、季节温差变化较小的特点。

保护地栽培条件下，由于空气湿度大，常处于饱和或接近饱和状态，必然影响室内温度和土壤湿度。土壤湿度长时间过高，一方面会导致作物根系因缺氧而生长不良，另一方面由于抑制了有益微生物的生长，促进多种病原微生物的滋生和繁殖，将诱发和加重病害。

### 土壤条件与合理施肥

1. 土壤养分含量

土壤中有机质的氮、磷、钾等元素是作物养分的基本来源。根据土壤养分含量状况，合理配施各种养分元素肥料，克服土壤养分障碍因子，对提高作物产量和养分利用率，改善农产品品质都具有十分重要的意义。

2. 土壤保肥性和供肥性

高产土壤既要有良好的保肥性又需要良好的供肥性。土壤保肥性和供肥性与土壤有机质和黏土矿物类型和数量有关。有机质含量高的土壤保肥性好，供肥性也好。质地黏重的土壤保肥性好，但供肥性差；砂土保肥性、供肥性都差；只有壤土保肥性、供肥性都好。

3. 土壤酸碱度和土壤养分的有效性

土壤酸碱度一方面影响作物的生长及其对养分的吸收，过酸过碱都不利于作物的生长，在酸性条件下作物吸收阴离子多于阳离子，在碱性条件下作物吸收阳离子多于阴离子。另一方面土壤酸碱度影响微生物的活动和养分的溶解与沉淀作物，进而影响养分的有效性。通常情况下，土壤酸碱度接近中性时，土壤养分的有效性高。

4. 土壤氧化-还原状况与土壤养分的有效性

土壤氧化还原状况是土壤通气状态的标志。它一方面影响作物根系和微生物的呼吸，另一方面影响各种物质的存在状况。一般情况下，土壤通气条件好，有效养分增多；土壤通气不良，使有些养分被还原或使有机物分解产生某些有毒物质，影响作物生长。

**5. 土壤气体异常**

保护地内空气的横向流动几乎为零，纵向流动也远不如露地活跃，使保护地的空气组成和含量与露地相比有明显的差异，从而给作物的生长发育产生多方面的影响。一方面，较低浓度的二氧化碳严重影响作物产量和产品品质；另一方面，过量施入氮肥及有机肥，将产生大量有碍于作物生长发育的有毒气体，如氧化氮、氨气、甲烷等。氨气主要来源于过量施用氮肥而造成的，通常认为这是过量施用碳酸氢铵而引起的。事实上，目前在保护地内大量施用尿素和有机肥同样会造成氨气浓度升高。因为尿素施入土壤后，在脲酶作用下，会形成碳酸铵，其再分解而生成游离氨。

当遇到低温和土壤酸度较高（pH 值≤5）时，积累在土壤中的氮素由于硝化作用受阻而产生大量二氧化氮气体。当其积累到一定浓度时，保护地种植的蔬菜就会受害。

保护地内的二氧化碳常常不能满足作物光合作用的要求。据测定，保护地内夜间由于蔬菜作物的呼吸作用和土壤释放，二氧化碳浓度在天亮前达到最高点。日出后随光合作用的进行，二氧化碳浓度急剧下降。二氧化碳不足时，光合产物减少，植株生长势明显减弱。如二氧化碳浓度过低，蔬菜就会出现二氧化碳不足的各种症状：根系发育不良，茎秆细长，叶色黄绿，植株老化、早衰、落花落果严重，畸形果多，造成产量低、品质差。因此，人工补充二氧化碳已成为提高保护地蔬菜产量和品质的一项重要措施。

但是，二氧化碳浓度过高，高于饱和浓度时，不仅费用高，还会造成二氧化碳中毒：植株气孔开启较小，蒸腾作用减缓，叶内的热量不易散发，而使体内温度过高导致叶片萎蔫、黄化和脱落，对二氧化碳敏感的蔬菜，其叶片和果实还会发生畸形。此外，二氧化碳浓度过高时，叶片内淀粉积累过多，使叶绿素遭到破坏，从而抑制光合作用的进行。

**6. 土壤障碍因子危害严重**

（1）保护地土壤盐分的积累特点及危害。施肥过量和施肥技术不当是土壤中可溶性盐分增加的根本原因，加之没有雨水的充分淋洗，以及土壤水分的“向上性”运动，保护地土壤出现了不同程度的盐害问题。致使玻璃温室 2～3 年，塑料大棚约 5 年就出现蔬菜生长障碍。

## 保护地盐分的特点

1. 与滨海盐土和内陆盐土的最大区别是滨海盐土盐分以氯化钠为主，内陆盐土以碳酸钠为主，而保护地土壤盐分以硝酸钙积累为主。

2. 保护地土壤盐分含量一般在3—5月份较高，5月中旬以后，因蔬菜旺盛生长，吸收养分增加，盐分下降；到了翌年3—5月份，盐分又会大幅度上升到前一年水平。

相同施肥量情况下，不同质地土壤盐分障碍程度不同，一般：砂土>壤土>黏土。

不同化肥致盐能力不同，由大到小的顺序为：硝酸钙>氯化钾>硝酸钾>硝酸钠>硝酸铵>氯化铵>尿素>硫酸铵>硫酸钾。含氯化肥的致盐能力较强，保护地中要严格控制用量。

土壤溶液中可溶性盐浓度过高，影响根系对水分和养分的吸收。随盐浓度升高，土壤微生物活动受到抑制，土壤养分的转化速度变慢。导致作物盐害的症状一般表现为：生长滞缓或停止，植株矮小，分枝少；叶色深绿，无光泽，叶面积小；严重时叶色变褐或叶缘有波浪状枯黄色斑点，下部叶反卷或下垂，由下至上逐渐干枯脱落；植株生长点色暗，失去光泽，最后萎缩干枯；易落花落果；根系变褐坏死。

(2) 土壤酸化特点及其危害。保护地种植蔬菜常超量施用氮肥，在土壤中残留的大量氮素，经硝化作用形成硝酸，使土壤酸化。生理酸性肥以及化学酸性肥料均会加重土壤酸化。不同氮肥品种对土壤的致酸能力不同：硫酸铵>硝磷酸铵>硝酸铵>硝酸铵钙。

在保护地蔬菜生产中，土壤酸化问题十分突出，尤其在南方。

## 休耕和轮耕

休耕是指在同一块土地上种一年作物，第二年停一年，第三年再种。

轮耕是指同一块地分成两部分，今年种其中的一部分，另一部分空着；明年种前一年空着的那一部分，前一年种植作物的那部分空着。

大多数蔬菜适宜在中性或微酸性土壤中生长。土壤酸化对蔬菜生长的影响主要表现在直接破坏根的生理机能，导致根系死亡；降低土壤中磷、钼、镁等元素的有效性；抑制土壤微生物活动，导致土壤养分转化速度减缓，易发生植株脱肥和早衰。

## 三、保护地施肥技术

### 1. 保护地作物的需肥特点

保护地作物对各种营养元素的需要量与大田作物明显不同。地膜覆盖栽培对不同蔬菜作物养分吸收量的影响差异很大，大多数蔬菜对氮、磷、钾、钙、镁吸收量，比露地栽培有所增加，而不同蔬菜增加顺序为：甜椒＞绿菜花＞番茄＞甘蓝＞大白菜＞黄瓜。

**2. 保护地蔬菜养分吸收量**

地膜覆盖栽培与露地栽培相比，不同蔬菜生产 1 000 kg 产量需要吸收养分量差异极大，对氮、磷、钾、钙和镁 5 种养分的吸收量大多数降低。说明一般蔬菜采用地膜覆盖栽培之后，能增产节肥，黄瓜最为明显。

**3. 保护地施肥技术**

（1）保护地施肥存在的问题。保护地施肥不计成本，过量施用化肥，特别是大量投入氮肥，使土壤中的氮、磷、钾比例严重失调，加之施肥方法和肥料品种选择不合理，造成肥料浪费。

保护地基本不施钙、镁和微量元素，由于土壤中缺乏这些元素而造成作物的生理性病害比较普遍。

（2）保护地施肥的技术要点

1）要平衡施肥。在坚持有机肥与化肥配合的前提下，根据作物需肥规律、土壤供肥状况和肥料利用率等来进行平衡施肥，灵活应用基肥、追肥等施肥方式。在目前情况下，施肥模式应该是适当控制氮肥，减少磷肥，增施钾肥、钙镁肥和微量元素肥料，力求做到养分的平衡供应。

2）要深施基肥、限量追肥。保护地土壤易发生各种养分障碍。化肥做基肥要深施并与有机肥混合。追肥要按照少量、多次的原则避免一次施肥过多，造成土壤盐分增高。

3）要选择适宜的肥料品种。碳酸氢铵和未腐熟的有机肥会产生氨害，氯化钾会增加土壤中氯离子浓度，提高土壤含盐量。这些肥料品种均不宜在保护地使用。

4）要增施二氧化碳肥。科学合理施用二氧化碳，可明显提高蔬菜产量、改善品质、增强植株的抗病虫害能力。一般是在晴天上午日出后 30 min。当气温高于 15℃时，密闭棚膜后开始施放二氧化碳。当密闭棚膜 2～3 h，气温上升到 26～30℃时，可以放顶风或腰风进行通风。二氧化碳肥的效果受多种因素制约，在施用中应根据气候条件及作物长势与需求，配合其他管理技术，进行综合调控。二氧化碳施肥要与保护地内良好的水肥管理相结合。一般提倡连续施用，不可突然停止，否则易引起植株老化。二氧化碳含量不能过高。高浓度的二氧化碳会影响作物的正常代谢，而且会危及作业人员的安全，5%的二氧化碳含量对人体有毒。注意防止有害气体的产生，一旦发生危害，应立即停止使用并通风换气。

**4. 保护地施肥方法**

（1）基肥。在保护地条件下栽培作物，应十分重视基肥。通常将全部有机肥和磷肥、1/2的氮肥、2/3 的钾肥及全部微肥用做基肥。

保护地施用的有机肥应充分腐熟，并在盖棚前 1 个月左右施入。用量一般高于露地的1～1.5倍。具体用量根据土壤有机质矿化率、土壤有机质含量及有机肥质量确定。

（2）追肥。保护地追肥的原则是“薄肥勤施，少量多次”。一般结合灌水进行。尽量选择化学性质稳定的品种，如氮肥中的硫酸铵、硝酸铵、尿素；磷肥中的过磷酸钙、磷酸铵等；钾肥中的硫酸钾、硝酸钾等。

追肥时间最好选择作物的营养临界期或最大效率期等需肥关键时期。对供肥容量和强度较大的土壤，减少追肥数量并适当推迟追肥时间。对土壤质地黏重、养分释放速度慢，供肥不足的土壤，适当增加肥料用量并及时追肥。对无限花序、陆续开花结果、多次分批采收的瓜、果、豆类蔬菜，应采用分期追肥的方法。追肥次数可根据蔬菜生育期长短确定。生育期短的蔬菜在生长中期追施 2～3 次；生育期长的蔬菜在养分需求较多的时期追 3～5 次，或更多次，一般每隔 15～20 天追施 1 次。

尿素和硝酸铵是保护地追肥常用的氮肥品种，严禁用碳酸氢铵。磷酸二铵和硫酸钾也可用于追肥。保护地常用的追肥方式见表 4—1。

**表 4—1　　保护地常用追肥方式及特点**

| 追肥方式 | 追肥方法 | 特点 |
|---|---|---|
| 冲施肥 | 在作物灌水时，把定量化肥或人粪尿施在水沟内，随灌水渗入作物根系周围的土壤内 | 是目前大多数保护地，尤其是塑料大棚最常用的一种追肥方式。这种方法简单、省工省时，但浪费很大 |
| 撒施 | 作物灌水后趁畦土潮湿，能下地操作时，将定量化肥撒于畦面或株行间，然后深锄，将土肥混匀 | 这种方法比较简单，但容易造成部分养分的挥发损失 |
| 埋施 | 在作物株、行间开沟、挖穴，把定量化肥施入，埋上土。埋肥沟、穴要离作物基部 10 cm 以上，以免烧根。同时挖沟、穴离根系太近时也容易伤根系 | 这种方法养分损失少，最经济。但劳动量大，操作不方便。要注意安全用肥 |
| 根外追肥 | 在保护地栽培作物出现缺素症状时，或当作物根系受损，不能正常吸收养分时，采用这种方式<br>对氮、钾等移动性强的营养元素叶面施肥的喷施次数，一般在生长期间或关键时期喷施 1～2 次；磷的移动性比氮、钾小，可喷施 2～3 次；微量元素一般喷施 3～4 次 | 这种方式是最快、最经济、最有效的补救方式 |

## 思　考　题

1. 施肥的基本原理是什么？其基本内涵是什么？
2. 合理施肥应该坚持哪些基本原则？
3. 简述叶面施肥的特点。
4. 不同轮作类型对土壤理化性质的影响是什么？
5. 简述土壤障碍因子的严重危害。

# 第五章　大田作物施肥技术

**学习目标：**

- 学习水稻的需肥规律，掌握水稻合理施肥比例，正确施肥。
- 学习玉米的需肥规律，掌握玉米合理施肥比例和施肥技术。
- 学习大豆的需肥规律，了解大豆共生固氮的知识，掌握大豆施肥比例和施肥技术。

## 第一节　水稻施肥技术

### 一、水稻需肥特点

**1. 水稻对养分的吸收量**

在高产条件下，每生产 100 kg 稻谷需吸收氮 2.1～2.4 kg，磷 0.9～1.3 kg，钾 2.1～3.3kg，水稻还是需硅量较大的作物，其体内含硅量通常占干物重的 11%～20%，因此生产上应重视硅肥在水稻上的应用。

**2. 水稻需肥规律**

大量研究表明，水稻的氮素营养有 1/3 来自肥料，2/3 来自土壤。在生育前期水稻吸收肥料中的养分较多，生育后期则吸收土壤中的养分较多。水稻对氮、磷、钾的最大吸收量都在拔节期，均占全生育期养分总吸收量的 50%以上，表明拔节期是养分对水稻的最大效率期，截至拔节期，水稻吸收的氮、磷、钾已分别占全生育期总吸收量的 75%、69%、77%。

### 二、稻田土壤的养分特点

与旱田不同，水稻生长期间的绝大部分时间处在淹水状态下，土壤始终处在水分饱和状态中，淹水后的土壤发生了一系列不同于旱田的物理、化学和生物学变化，仅化学方面就表现为 $O_2$ 减少，$CO_2$ 增加，氧化-还原电位下降，且无论淹水前土壤 pH 是酸性还是碱性，淹水后都逐渐趋于中性，这些变化都直接或间接地影响着淹水土壤中的养分形态变化及其有效性。

## 水稻的光温生产潜力

1. 水稻一生积累的干物质90%以上是通过光合作用利用光能将所吸收的二氧化碳和水合成有机物。

2. 水稻产量的形成受光照、温度、土壤肥力和栽培技术等综合因素的影响。

3. 假设水分、土壤肥力和栽培技术都在最适宜条件下，由光照和温度所确定的水稻产量叫光温生产潜力。

(1) 淹水土壤中的氮几乎全以铵态氮存在，且一般情况下，淹水土壤的全氮含量高于同类型的旱田。

(2) 淹水后可使磷的供应能力显著增加，原因是：

1) $Fe^{3+}$的还原的增加引起磷酸盐的溶解。

2) Fe—P和Al—P的水解。

3) 土壤有机质厌氧分解时产生的有机酸等螯合了土壤中的Ca、Fe、Al等离子，减少了磷的固定。

4) 有机阴离子和Fe—P和Al—P中的磷酸根离子的交换。

5) pH值的趋中性使磷的溶解度和解吸量增加。

6) 闭蓄态磷的溶解和磷在土壤中的扩散增加等因素综合作用的结果。

(3) 钾的有效性增加。淹水促进了土壤中铁、锰离子和钾的交换反应，使钾的有效性增加。

(4) 淹水还使土壤中低价的铁、锰增加，因此水稻缺铁、缺锰现象较少见。

(5) 锌的有效性降低。由于磷—锌拮抗的原因，淹水使磷的有效性增加的同时，往往造成锌有效性的下降。

(6) 硫酸根在还原条件下会产生$H_2S$气体，一定浓度的$H_2S$会使水稻根系受到毒害。

## 世界稻米分析

1. 世界上食用稻米的主要是亚洲人。

2. 籼稻种植较多、粳稻种植少。

3. 稻米贸易数量少。

4. 出口国集中在印度、中国等。

5. 进口国分布在世界各地。

6. 各国稻米销售价差大。

## 三、水稻施肥技术

### 1. 适于水稻的肥料种类

（1）氮肥。铵在还原状态下较为稳定，也是水稻吸收无机氮的主要形式，加之水稻耐氯能力较强，因此氯化铵是非常适合水稻的氮肥品种，尿素、碳酸氢铵也是水稻常用的氮肥。硫酸铵因含有硫酸根，在还原条件下易产生 $H_2S$ 气体毒害水稻，而不宜大量使用。在还原条件下，硝酸根易发生反硝化脱氮，不仅造成氮营养投入的浪费，而且污染环境，因此硝态氮肥一般不用于水田。由于铵态氮肥表施会在水土交接面产生反硝化脱氮，因此水田氮肥要深施。

（2）磷肥。过磷酸钙及磷酸一铵、磷酸二铵都是水稻常用的磷源。

（3）钾肥。水稻上常用的钾肥品种为氯化钾，而且氯化钾也比较便宜。

（4）微量元素肥。硅肥、锌肥在水稻上施用较为普遍。

### 2. 水稻施肥技术

（1）秧田施肥技术。水稻秧苗素质是水稻高产的重要基础，农谚说："秧好，半稻。"这是对秧苗素质与产量关系的客观评价。"肥土育壮秧"则说明秧田养分管理对培育壮秧和提高秧苗素质具有重要作用。

在秧田整地时必须施足基肥。若以有机肥为基肥时，可按 1 000 kg/亩施入腐熟的优质厩肥或人粪尿；若施用化肥，可按 $N:P_2O_5:K_2O=1:1.2:2$ 的比例，可按 50 kg/亩的用量施肥。

#### 水稻的生物学特性

水稻包括营养生长和生殖生长两个阶段，一般以幼穗开始分化作为生殖生长开始的标志。

水稻营养生长阶段是水稻营养体的增长，它分为幼苗期和分蘖期。在生产上又分为秧田期和大田期（从移栽返青到拔节）。

水稻生殖生长阶段，是水稻结实器官的增长，从幼穗分化到开花结实，又分为长穗期和开花结实期。幼穗分化到抽穗是营养生长和生殖生长并进时期，抽穗后基本上是生殖生长期。

水稻秧苗在三叶期前养分主要来源于种子，三叶期后转为土壤营养，因此，三叶期又称"断奶期"，是水稻秧苗营养生理上的转折期，实现"断奶期"的平稳过渡十分重要。由于育秧时气温较低，所以"断奶肥"应该提前 1 叶 1 心时施用为宜，用量为每 100 $m^2$ 尿素1～1.5 kg 兑水 200～300 kg 叶面均匀喷施，喷后浇清水冲洗防止烧苗。4～5 h 可施一次"接力肥"，具体情况应根据秧苗生长情况而定。移栽前的“起身肥”对移栽后增强发根力有重要作用。在移栽前 6 h，用量为每 100 $m^2$ 苗床用 12.5～15 kg 磷酸二铵均匀撒施，施完用浇水洗苗。

（2）本田施肥技术

1）基肥。移栽水稻插秧前施入本田的肥料称为基肥。基肥的作用一是，增加土壤有机质含量，改善物理性质；二是，提高土壤养分的供应水平，满足水稻插秧后对各种营养元素的需要，促进早生快发；三是，调节整个生长发育过程中的养分供应，保证土壤持续不断地供给水稻各生育时期所需的养分。高产水稻基本苗较少，要求分蘖成穗率高，这就要求土壤能为水稻前期生长提供足够的养分。北方稻区生育期短，春季气温低，施足基肥尤为重要。基肥多以肥效稳定长久，并且营养元素齐全的有机肥料为主，2 000～3 000 kg/亩，并配合一定数量的无机肥料，用量为每亩磷酸二铵 13～15 kg，尿素 12.5～16. 5 kg，氯化钾 12～15 kg（纯养分量为12～15 kg纯氮，6～7 kg$P_2O_5$，12～15 kg$K_2O$），锌肥 1～2 kg。

## 杂交水稻

杂交水稻是利用遗传关系较远的纯合亲本杂交得到的杂种 1 代种子的杂种优势来获得优质高产的水稻。世界上杂交水稻研究要早于我国，但是因为某些原因，一直没有成功。

从 1964 年开始，我国著名科学家袁隆平致力于杂交水稻的研究并取得了突破性进展，被世界同行誉为“杂交水稻之父”。

基肥施用方法有如下几种：

①全层施肥。全层施肥有两种形式，一是泡田前全层施肥法，即在泡田前将肥料撒施田面，然后泡田耙地。最好结合旋耕，将肥料混入耕层 7～10 cm，然后泡田、整平；二是泡田后全层施肥法，即在泡田并经初平后撒施肥料，再进行水耙使肥料混合于耕层中，然后整平。全层施肥的特点是肥效长，肥劲稳。由于肥料均匀分布于耕层，可促进水稻根系深扎，扩大吸收面积，增加养分吸收量。全层施肥还可减少肥料损失，提高利用率，尤其是对碳酸氢铵等挥发性氮肥效果更为明显。当基肥施用量较高时，可以大部分全层施用，小部分作铺肥施用，效果更好。

②铺肥。又称面肥，在水耙地后将肥料均匀撒施田面，然后拉板整平使肥料混合于表层中，是目前北方稻区基肥的主要施用方法。铺肥的特点是肥效快，有利提早返青及分蘖，肥效亦较长，可达 45 天左右。基肥数量较少时以铺肥为宜，施肥后在土壤沉淀情况允许的条件下，应尽早插秧，以减少肥料损失。

③翻前深施。在秋翻或春翻前将肥料撒施田面，翻地时将肥料翻扣于深层。这种施肥方法氮肥利用率高达 75%，肥效长。但是由于施肥部位较深，故初期肥效较差，在施用量较多时，不利中后期调控，甚至会导致贪青晚熟。因此，一方面应与铺肥相结合，一方面应控

制施用量。漏水田翻前深施肥料损失大。

## 水稻的“三性”

感温性：一定的高温可提早幼穗分化，缩短营养生长期，低温则可延迟幼穗分化，延长营养生长期，这种特性就是水稻的感温性。

感光性：水稻是短日照作物，缩短日照可以提早幼穗分化，缩短营养生长期；长日照则能延长营养生长期，推迟幼穗分化，这种特性称为水稻的感光性。

基本营养生长性：在高温短日处理都不能再缩短营养生长期，这便是基本营养生长期。

2）追肥。移栽水稻插秧后施用的肥料统称追肥，包括分蘖肥、穗肥和粒肥。

①分蘖肥。插秧后不久（一般 3～15 天）施用的肥料称为分蘖肥。分蘖期是单位面积穗数的决定期，又是增加植株物质积累量，为壮秆大穗奠定基础的时期。分蘖肥的主要目的是促进分蘖早生快发，尽早达到预期穗数，这一点对北方寒冷稻区尤为重要。分蘖肥的施用要适时适量，在保证足够穗数的同时，还应有助于控制无效分蘖，促进形成大穗，提高成穗率，并防止穗分化或拔节前氮素过剩。

分蘖肥一般在插秧后 5～10 天，秧苗返青后刚开始分蘖时施用。这是因为分蘖肥肥效为 20 天左右，与有效分蘖期基本一致。其次，经过 10 天左右的吸肥和生长，可以根据叶色、出叶速度等判断土壤和基肥养分供应情况，决定施肥量。当生育期较短或插秧晚时，这时施肥促进形成的分蘖在拔节前已来不及形成 3 片叶，所以分蘖肥应提早到插秧后3～7天施用。前已述及，拔节时叶片数越多分蘖成穗把握越大，越容易形成大穗，因此分蘖肥宜早不宜晚，但应注意及时控制，防止群体过大。

分蘖肥用量：每亩尿素 6～8 kg，施肥时先用总量 80％均匀撒施，然后再用余下的 20％补施均匀。保水好的稻田可一次施入，保肥差的砂质土壤可分次施入；补施时秧苗长势好的地方可少施，秧苗长势差的地方要多施一些。

## 我国的六个稻作区

1. 东北半湿润早熟单季稻作区。
2. 西北干旱单季稻作区。
3. 华北半湿润单季稻作区。
4. 西南湿润单季稻作区 。
5. 长江流域湿润单双季稻作区。
6. 华南湿润双季稻作区。

②穗肥。长穗期是水稻一生需肥量最多的时期。穗肥的作用是增加颖花数量和防止颖花

退化，为实现穗大粒多打基础。但此时温度较高，土壤释放养分数量增加，水稻根系发达，吸肥能力增强，过量施肥也会造成植株过于繁茂，导致后期出现倒伏和诱发稻瘟病。

穗肥用量为每亩 6.5 kg 尿素，12～15 kg 氯化钾。

穗肥要在抽穗前 15～18 天施入。施穗肥不可过早，特别是生长旺盛的水稻，早施穗肥虽有利于形成大穗，但同时也会使水稻前期长势过旺，引发稻瘟病和后期倒伏。施肥又不可过晚，晚施会推迟抽穗期导致贪青晚熟，容易遭受早霜害。

③粒肥。粒肥是指抽穗至齐穗期的追肥。粒肥的主要作用是可以保持叶片适宜的氮素水平和较高的光合速率，防止根、叶早衰，使籽粒充实饱满。如果植株没有明显的缺肥现象，盲目施用粒肥，会造成氮素浓度过高，增加碳水化合物的消耗，导致贪青晚熟，空批粒增加，千粒重降低，而且容易发生病虫害。

施粒肥应注意：看长势：水稻生育良好，土壤肥力较高，特别是生长旺盛的水稻可少施或不施粒肥，以免贪青晚熟和加重倒伏；看生育期施。水稻抽穗期已经明显拖后，安全灌浆无保障，不应施肥。看病害和天气。已经发生稻瘟病的田块，特别是再遇到多雨天气，稻瘟病可能流行时不要施。

粒肥一般在抽穗 10 天内施。用量为尿素 1～1.3 kg/亩或叶喷磷酸二氢钾 2.2～2.3 kg 兑水 1 000～1 200 kg。

(3) 水稻的施肥比例为氮∶磷∶钾＝1∶0.5∶1。

## 第二节　玉米营养与施肥

### 一、玉米需肥特点

#### 1. 玉米对养分的需要量

玉米一生中吸收氮最多，钾次之，磷最少。玉米对氮、磷、钾的吸收数量受栽培方式、产量水平、品种、土壤、肥料和气候的影响而有较大变化。

(1) 玉米对氮、磷、钾的需要量。平均每生产 100 kg 玉米子粒，需要从土壤中吸收氮 2.2～2.8 kg、磷 0.85～1.3 kg、钾 2～2.5 kg。

(2) 不同产量水平对氮、磷、钾养分的需要量。由于品种、环境和栽培措施不同，玉米对氮、磷、钾养分的需要量差异很大。

每公顷产量在 6 000 kg 以下，平均每 100 kg 籽实吸收氮 3.01 kg、磷 1.33 kg、钾 2.41 kg，N∶P∶K＝2.25∶1∶1.8。

每公顷产量在 6 000～7 500 kg，平均每 100 kg 籽实吸收氮 2.86 kg、磷1.16 kg、钾 2.46 kg，N∶P∶K＝2.46∶1∶2.13。

每公顷产量在 7 500 kg 以上，平均每 100 kg 籽实吸收氮 2.18 kg、磷 0.83 kg、钾 2.41 kg，N∶P∶K=2.61∶1∶3.14。

但总的趋势是随着单位面积产量水平的提高，吸收氮、磷、钾总的数量随之增加，但生产单位重量籽实所需营养元素随之减少。以每 kg 养分生产籽粒来讲，氮和磷随产量水平的提高，单位养分生产的子粒增多，而钾却下降。

（3）不同品种对氮、磷、钾养分的需要量。玉米品种间吸收土壤中氮、磷、钾的数量有一定差异，吸收肥料中氮、磷、钾的数量及其利用率差别较大，相差 1 倍多，施用肥料的增产效果及经济效益相差 2～3 倍。

**2. 玉米不同生育期吸收养分的特点**

（1）玉米不同生育期对氮、磷、钾养分的吸收特点。玉米是一种喜肥水、好温热、需氧多、怕涝的中耕作物。玉米对氮的吸收比较平稳，吸收高峰在抽雄吐丝期，灌浆成熟阶段吸收速度减慢，玉米在整个生育期都吸收氮肥。玉米对磷的吸收也在抽雄开花期达到高峰，后期吸磷下降，但玉米苗期对磷特别敏感，如果苗期缺磷，即使以后补施也挽回不了苗期缺磷造成的影响。玉米对钾的吸收拔节至孕穗期最多，开花期达到高峰，以后停止吸钾，靠体内钾的再分配。

（2）玉米不同生育期中量、微量元素的吸收特点。玉米对中量元素的吸收有两个相对高峰期。玉米硫的最快吸收期是大喇叭口期到吐丝期，其次是拔节至大喇叭口期；玉米钙的最快吸收期，高产田是在拔节至大喇叭口期，中产田是在大喇叭口期到吐丝期；玉米对镁的最快吸收期是在拔节至大喇叭口期，再次是在大喇叭口期到吐丝期。

微量元素在生育进程中的吸收量与大量元素一样，表现为少-多-少，在吸收速率上表现为慢-快-慢的共同规律。玉米铁的最快吸收期分别在拔节至大喇叭口期和大喇叭口期到吐丝期；锰的最快吸收期是拔节至大喇叭口期，其次是大喇叭口期到吐丝期；铜的最快吸收期是拔节至大喇叭口期，再次是大喇叭口期到吐丝期；锌的最快吸收期是大喇叭口期到吐丝期，最后是拔节至大喇叭口期。

## 玉米的生育时期

玉米的生育期经历了以下几个时期：

1. 出苗期：播种后种子发芽出土高约 2 cm 称为出苗。

2. 拔节期：当雄穗分化到伸长期，茎节总长度 2～3 cm 时，称为拔节。

3. 抽雄期：当玉米雄穗尖端从顶叶抽出时称为抽雄。

4. 开花期：雄穗开始散粉称为开花。

5. 叶丝期：雌穗花丝伸长露出苞叶称为叶丝。

6. 成熟期：玉米苞叶变黄松散，子粒脱水变硬呈现本品种特点，籽粒剥掉尖冠出现黑层称为成熟。

## 二、玉米施肥技术

### 1. 施足基肥

以有机肥为主，每亩 1 000 kg。化肥：每公顷二铵 100～150 kg，尿素 150～200 kg，硫酸钾 100 kg，硫酸锌 15 kg，结合打垄一次性深施 20 cm 以下。

### 2. 适量种肥

施用种肥是必要的，特别是在土壤养分含量贫乏，基肥用量少或不施基肥时，更需施用种肥。

硫酸铵做种肥一般每亩 5～6.5 kg 为宜，尿素用量不超过每亩 4 kg，磷、钾肥多用做基肥施用，不用再做种肥。

氮、磷、钾复合肥或磷酸二铵做种肥最好，每亩可用 10～15 kg。无论用什么肥料做种肥，都要做到种、肥隔离，避免烧种而影响出苗率，尤其是尿素和氯化钾做种肥更要注意。

### 3. 分期追肥

玉米是一种需肥较多和营养期较长的作物，单靠基肥和种肥远不能满足全生育期的需要，追肥是玉米丰产栽培的一项重要措施。

追施苗肥。玉米苗期需肥量不大，三叶期需肥量开始加大，所以 4～5 叶期每亩用尿素 5 kg 穴施覆土。

在施种肥的基础上，可在拔节期追施第一次肥，每亩用量为 8 kg 尿素；抽雄前 7～10 天追施第二次肥，用量为每亩 12 kg 尿素。如果底肥和种肥较充足，土壤又很肥沃，可集中一次追肥，结合第二次铲趟进行深施肥。追肥应禁止表面撒施，可以通过开沟或刨穴的方法深施，施后灌水。

### 4. 玉米的施肥比例

氮∶磷∶钾＝1∶0.5∶0.6

# 第三节　大豆营养与施肥

## 一、大豆需肥特点

### 1. 大豆的营养元素需求特点

（1）大豆对氮、磷、钾的需求。每生产 100 kg 大豆需氮 7.2 kg、磷 1.8 kg、钾 4.0 kg。与水稻、玉米相比，氮高 2～3 倍，磷钾高 0.5～1 倍，表明大豆是需氮、磷、钾较多的作物。

由于大豆与根瘤菌共生，通过根瘤菌固氮作用，大豆固定的氮量可达大豆所需氮素的40%～60%，所以大豆从土壤和肥料中吸收的氮并不明显高于粮食作物，但大豆生长所需的其他养分全部要从土壤中吸收，所以说大豆是需磷、钾较多的作物。

（2）大豆对钙、镁、硫的需求。大豆是需钙较多的作物，从出苗到初花，大豆植株中含钙量为0.26%～2.8%，结荚期为0.9%～4.4%，大豆籽实中含钙0.23%。

大豆叶片中含镁较多，从出苗到初花，大豆植株中含镁量为0.09%～1.0%，结荚期为0.53%～0.79%，大豆籽实中镁较少。

大豆吸收硫比玉米多，大豆茎叶中硫的含量是干物质的0.125%～0.52%，在种子中含量是干物质的0.002%～0.45%。当含硫不足时，大豆将减少甚至停止蛋白质的合成。

### 转基因大豆与非转基因大豆的区别

非转基因大豆呈圆形，颗粒饱满，色泽明黄，除一些抗腺品种外，豆脐呈浅黄色。转基因大豆呈扁圆或椭圆形，色泽暗黄，豆脐呈褐色，俗称“黑脐豆”。

**2. 大豆对氮、磷、钾的吸收动态**

（1）大豆不同生育期各器官养分的动态变化。不同生育期或同一生育期的不同营养器官养分含量存在较大的差异。在苗期，茎叶中氮、磷、钾的含量较高。随着大豆的生长，茎叶中的氮、磷、钾含量呈递减趋势，而豆荚、籽粒等生殖器官的养分则逐渐增加。大豆生育前期，叶片中的氮、磷、钾含量大于茎。大豆生育后期，氮、磷、钾含量表现为：花荚 > 叶 > 茎。大豆成熟期，以籽粒中的氮、磷、钾含量最高。

（2）大豆各生育期氮、磷、钾的吸收与积累动态。大豆生长发育可划分为：苗期、花期、结荚期、鼓粒期、成熟期。

在苗期，吸收的氮素仅占全生育期的4%左右，开花、结荚吸收累积速率明显增加，鼓粒期是氮素积累的高峰期，占吸收累积氮量的40%，鼓粒期以后，氮的累积量迅速下降。

大豆对磷的吸收在出苗到开花期中占总吸磷量的32%，开花时根系吸收磷的能力比生育前期增强，是大豆全生育期中最强的时期，大豆开花时根系甚至能从难溶的磷矿粉中吸收磷。

大豆在苗期对钾素的吸收积累高于磷，到开花期进入吸钾高峰，其吸收量占总累积量的40%，到鼓粒期钾的积累达到最大值。

### 大豆对环境条件的要求

1. 对温度的要求。大豆是喜温作物，在温暖的环境下生长良好。发芽最低温度在6～8℃，10～12℃发芽正常；生育期间以15～25℃最适宜；全生育期要求1 700～2 900℃的有效积温。

2. 对光照和光周期的要求。大豆是喜光作物，对光照条件好坏反应较敏感。

3. 大豆对水分的要求。大豆需水较多，每形成 1 g 干物质，需耗水 600～1 000 g。

4. 对土壤及养分的要求 。大豆对土壤适应能力较强，几乎所有的土壤均可以生长，对土壤的碱度适应范围 pH 值在 6～7.5 之间，以排水良好、富含有机质、土层深厚、保水性强的壤土为最适宜。

## 二、大豆施肥技术

### 1. 基肥

增施有机肥料做基肥，既是豆科作物高产、稳产的重要条件，又是提高化肥使用效率的必要措施。基肥中加入氮、磷、钾等化肥，可以减少化肥中有效养分的流失与固定，提高化肥利用率。有机肥与化肥施用量可根据各地条件，肥源充分可多施，反之则少施并要集中施用。

### 2. 种肥

每亩用磷酸二铵 6～7 kg，尿素 4～5 kg，钾肥 3～4 kg，或者大豆专用肥 13～15 kg 做种肥。

### 3. 追肥

大豆追肥的效果与选择适当的追肥时期、地力状况及长势关系极大。一般开花初期追肥有良好效果，特别是土壤肥力低，幼苗长势弱，更应该及时追肥。追肥品种以氮、磷为主，一般每亩追纯尿素 2.5～3.5 kg，磷酸二铵 5.5～11 kg。注意追肥量不宜过大。在豆荚形成后，可进行叶面喷肥，如每亩喷施尿素 0.2 kg＋磷酸二氢钾 0.1 kg 兑水 40 kg 液，增产效果可达 10％左右。

### 4. 喷施钼肥

大豆用 0.05％的钼酸铵溶液喷施，增产可达 10％～20％，钼磷配合喷施效果更好。注意：硼、钼要用 75～80 ℃水溶解后再喷。

### 5. 大豆的施肥比例

氮∶磷∶钾＝1∶1.5∶1.5。

## 三、防止大豆落花落荚的方法

（1）根据当地自然条件和气候特点，因地制宜，合理密植。

（2）注意增施有机肥，花期要追肥。

（3）精细整地，注意保墒。

（4）及时防治病虫害。

（5）对于生长过于旺盛的大豆要及时注意抑制其营养生长，促进结花结荚。化控可用三碘苯甲酸在第7、8个叶时喷洒，15～20天以后再喷一次即可。

（6）生育前期要促下控上，早产早趟，促进大豆根系发育，培育壮苗。

## 思 考 题

1. 简述水稻的施肥技术。
2. 简述玉米的施肥技术。
3. 简述大豆的施肥技术。

# 第六章 蔬菜营养与施肥

**学习目标：**

◆ 通过本章的学习，使学生深入了解蔬菜作物的营养特点及需肥规律。

◆ 并学会各种蔬菜作物的合理施肥技术。

## 第一节 蔬菜的营养需求特点

### 一、蔬菜作物根系吸收养分能力强

与大田作物相比，蔬菜作物吸收养分能力强，这与蔬菜作物根系阳离子代换量大有关，蔬菜作物根系的阳离子代换量是大田作物的2～3倍。作物根系阳离子代换量是衡量根系活力的主要指标。一般而言，根系阳离子代换量大的作物吸收养分的能力强，且对高价阳离子如钙离子、镁离子等的吸收比例偏高；根系阳离子代换量小的作物吸收养分的能力较弱，但对一价阳离子如钾离子、铵根离子等吸收较多。因此，蔬菜作物吸收养分的能力一般强于禾谷类作物，而且对高价阳离子如钙、镁的吸收量高于禾谷类作物。

### 二、蔬菜作物需肥量大

蔬菜作物对各种养分元素的需求量一般高于禾谷类作物，如甘蓝、菜花的非可食部分与谷类作物秸秆相比，氮的含量高2～5倍，磷高1～4倍，钾大致相当；可食部分与谷类作物的籽粒比较，氮的含量高1.5倍左右，磷高0.5倍左右，钾高8～15倍。蔬菜作物不仅需肥量大，而且对养分浓度的要求也高。

**蔬菜作物**

以幼嫩多汁的营养器官或生殖器官为食用产品的作物，统称为蔬菜作物。

蔬菜为高度集约化栽培的作物，单位面积产量高，而且大多数蔬菜非可食部分的养分转移率较低，即养分再利用的效率不高。巨大的生物产量和经济产量，随着每次收获必然要带走大量的营养物质。因而蔬菜作物单位面积需肥量比禾谷类作物高，一般每生产 1 000 kg 产品蔬菜需氮 2～4 kg，磷 0.18～1.2 kg，钾 3～5 kg，镁 0.18～0.24 kg，N∶P∶K∶Ca∶Mg大约为10∶3∶13∶15∶1。

## 三、蔬菜作物喜硝态氮

蔬菜多为喜硝态氮作物，典型的喜硝态氮蔬菜作物如番茄、菠菜等，在完全供给硝态氮时产量最高，随着铵态氮供给比例的增加，产量逐渐下降，铵态氮供应比例过大还会抑制蔬菜作物对钾、钙、镁离子的吸收，从而造成生理性钾、钙、镁的缺乏。因而在蔬菜作物的氮肥施用中，应注意硝态氮和铵态氮的比例，铵态氮的比例一般不宜超过 1/3 左右。事实上，在正常的土壤条件下，尽管施入土壤的是铵态氮肥，由于硝化作用的不断进行，蔬菜作物仍可吸收到一定数量的硝态氮，而且随着时间的推移，蔬菜作物吸收到的硝态氮比例会逐渐增加。

## 四、蔬菜作物需钙、硼、钼较多

钙在植物体内移动性差，再利用率小，在木质部中的运输能力主要依赖于蒸腾强度的大小，因而在生长旺盛时期，由于植株顶芽和侧芽等分生组织、幼叶以及果实的蒸腾作用较弱，钙营养不足时，往往会首先出现缺钙。常用的蔬菜作物缺钙症状如：大白菜、甘蓝、莴苣的“叶焦病”和“干烧心病”，番茄、辣椒的“脐腐病”，又称“顶腐病”。

### 科学施肥的主要原则

1. 有机肥与无机肥相结合。
2. 大量、中量、微量元素配合。
3. 用地与养地相结合，投入与产出相平衡。

大部分蔬菜作物体内含硼量高于 10 mg/kg（干重）。尽管蔬菜作物含硼量高，但其体内的硼主要为不溶性硼，移动性差，很难被再利用。当土壤硼素供应不足或由于干旱、土壤大量营养元素浓度过高影响了对硼的吸收，蔬菜作物极易出现缺硼症状。

蔬菜作物，特别是豆科类蔬菜和十字花科蔬菜的需钼量高于禾本科作物。蔬菜是喜硝态氮作物，豆科类蔬菜同时具有固氮功能，而钼作为固氮酶的组分参与豆科作物根瘤固氮过程的元素，因此蔬菜作物喜欢钼。

# 第二节　蔬菜的施肥技术

## 一、蔬菜常规施肥技术

蔬菜作物对土壤肥力要求高。因此，蔬菜施肥不仅要为蔬菜作物提供平衡而充足的养分，更要注重土壤的培肥。在蔬菜施肥时应注意以下几个一般性的问题。

### 1. 确定合适的施肥量

施肥量对大多数蔬菜的产量和品质影响不同。以最高产量或经济最佳产量所确定的施肥量不一定是品质最佳施肥量。比如菠菜最高产量时的氮肥用量为每公顷 160～240 kg，而质量最好时的氮肥施用量只有最高产量的一半左右。因此，确定蔬菜的最适施肥量（特别是氮肥用量）不仅要考虑蔬菜的产量指标，还应该充分考虑蔬菜的质量指标，这在蔬菜栽培中是一项相当重要和非常复杂的工作。

### 2. 注重基肥、施足苗肥、及时追肥

培肥菜园地土壤是蔬菜施肥的原则之一，在栽培蔬菜前结合土壤耕作要施足肥料，基肥应以有机肥为主，并配合一定量的化肥。有机肥每公顷 35～40 吨，化学氮肥占到总施氮量的 1/2 或 1/3，而磷肥和钾肥占 3/4 和 2/3。

### 3. 确保蔬菜施肥的安全性

蔬菜施肥的安全性包括：蔬菜产品的安全和生态环境的安全。蔬菜生产过程中造成污染的原因很多，而不合理施肥是造成蔬菜产品和环境污染的主要原因之一。蔬菜生产中长期大量施用未经无害化处理的人、畜、禽粪等有机肥，以及不合理地大量施用化肥，都会直接或间接地造成蔬菜产品和生态环境污染。

由于不合理施肥造成蔬菜产品和生态环境污染的另一个普遍和严重的问题是硝酸盐污染。不合理地大量施用氮肥使土壤中硝酸根离子急剧增加，一方面蔬菜作物过度吸收硝酸根离子，超过其合成所需要的氮就以硝酸盐形态积累在体内，造成蔬菜产品硝酸盐含量严重超标。另一方面，由于土壤对硝酸根离子的吸附固定能力很弱，土壤中的硝酸盐极易随水下渗到地下水或地表水造成污染。

为了减轻蔬菜施肥的各种污染，提高蔬菜品质，应禁止使用污水灌溉。各种有机肥的施用必须要经过高温堆制或其他无害化处理，以杀灭病原菌、虫卵和杂草种子；化肥的施用要合理，控制氮肥，特别是硝态氮肥的施用量，化肥与有机肥配合施用，氮肥与磷、钾肥配合施用。

## 蔬菜施肥“七不宜”

1. 绿叶菜不宜施用硝酸铵等。

2. 采收前20天内不宜叶喷氮肥。

3. 施尿素不宜立即灌水，会造成氮的浪费。

4. 不应连续多次施用硫酸铵。硫酸铵是生理酸性肥，易使土壤酸化。

5. 干旱时不宜用碳酸氢铵，因为碳酸氢铵挥发会造成氮素的浪费。

6. 磷肥不宜过多，否则易导致植株早衰，生长不良，产量低，品质变坏。

7. 不宜用未腐熟的人畜粪尿等农家肥，因为未腐熟的人畜粪尿等农家肥中有致病微生物和虫卵等，会导致蔬菜病虫害加重。农家肥宜高温发酵（50～70 ℃）1～2个月，才能达到无害化。

## 二、无公害蔬菜施肥技术

无公害蔬菜是指在生态环境质量符合规定标准的产地，生产过程中不使用任何有害化学合成物质或限量使用限定的化学合成物质，按特定的生产操作规程生产以及加工的无公害污染的安全、优质、富含营养的蔬菜。因此，无公害蔬菜的生产对产地环境质量、灌溉水质量、肥料和农药的种类和使用等都有严格要求，以杜绝各种污染物通过不同途径向生产基地传播，从而降低蔬菜产品的污染。

无公害蔬菜施肥量的确定首先考虑的是蔬菜品质，其次才是蔬菜产量，而在肥料施用时应注意以下几个方面的问题：

1. 原则上只能使用农家肥和一些矿物肥料，但也可以限量使用一些限定的化学肥料，禁止使用硝态氮肥和过磷酸钙。

2. 禁止使用城市生活垃圾、污泥、医院的粪便垃圾和含有害物质的工业垃圾。

3. 严禁使用未经腐熟和无害化处理的人、畜、禽粪便。

4. 化肥与有机肥配合使用，无机氮与有机氮之比不得超过1∶1。

5. 对叶菜类蔬菜的追肥最后一次必须在收获前30天进行。

# 第三节　大白菜施肥技术

## 一、大白菜对养分的需求

大白菜根系是浅根性直根系，主要分布于0～35 cm的耕层，吸收养分的能力和范围有限，但产量高，养分需求量较大。每生产100 kg白菜约吸收氮150 g，磷70 g，钾200 g。在亩产5 000 kg的情况下大约吸收氮7.5 kg，磷3.5 kg，钾10 kg，“三要素”大致比例为1∶0.47∶1.33。由此可见，大白菜生长吸收的钾最多，其次是氮、磷最少。

### 大白菜对环境的要求

1. 温度

大白菜是半耐寒性植物，其生长要求温和冷凉的气候。发芽期适宜温度为20～25 ℃；幼苗期对温度变化有较强的适应性，适宜温度为20～25 ℃；莲座期要求较严格的温度，适宜范围为17～22 ℃；结球期对温度的要求最严格，适宜温度为12～22 ℃，昼夜温差为8～12 ℃为宜。生殖生长阶段要求的温度较高，一般抽薹期的适宜温度为12～22 ℃，开花结果期为17～25 ℃。

2. 光照

大白菜需要中等强度的光照，其光合作用光的补偿点较低，适于密植。

3. 水分

大白菜叶面积大，蒸腾耗水多，但根系较浅，不能充分利用土壤深层的水分。因此，生育期应供应充足的水分。

4. 土壤

大白菜对土壤的要求比较严格，以土层深厚、肥沃疏松、富含有机质的壤土和黏土为宜。适于中性偏酸的土壤。

## 二、大白菜的营养生长阶段

从播种到出苗之后相继进入幼苗期、莲座期（即团棵期，指在白菜长出八片真叶到开始包心这段时间）、包心期、结球期。幼苗期的天数早熟品种12～15天；晚熟品种17～18天，已长出5～10片叶；莲座期的累计天数早熟品种20～21天，晚熟品种27～28天；包心期的累计天数早熟品种 25～30 天，晚熟品种 40～45 天；结球期累计天数占全生长期的一半，生长量占总重量的 2/3～3/4。满足上述主要生长阶段的养分需求是优质高产的关键。

根据白菜生长需肥量和土壤养分供给能力测算，结合当前白菜施肥实际水平进行综合分析，确定施肥量：(1) 目标亩产量 8 000 kg 的中上等地选中晚熟品种，施优质农家肥7 500 kg，氮 23 kg，磷 10.5 kg，钾 15 kg；(2) 目标亩产量 6 000 kg 的中等地，选中早熟品种，施优质农家肥 6 500 kg，氮 20 kg，磷 9 kg，钾 13 kg；(3) 目标亩产量5 000 kg的下等地，一般选择早熟、中早熟品种，施农家肥 5 000 kg，氮 16 kg，磷6 kg，钾 9 kg 左右。

### 大白菜的生育周期

大白菜的生育周期分为营养生长期和生殖生长期两部分。一般把幼苗期、莲座期、包心期和结球期称为营养生长期；把抽薹孕蕾期和开心结实期称为生殖生长期。

## 三、大白菜施肥技术

### 1. 施足基肥

白菜生长期长，需要大量肥效长的优质有机肥，因此大量施用厩肥做基肥十分重要。一般一亩地厩肥不少于 5 000 kg。在耕地前先将 60%的厩肥撒在地里深翻入土，耙地前把 40%的厩肥撒在地面耙入浅土中，然后起垄。过磷酸钙或复合肥料宜在施厩肥时一并条施，每亩用量 50～75 kg。

### 2. 播种施好提苗肥

为了保证幼苗期得到足够养分，需要追施速效性肥料。每亩用硝酸铵 4 kg 或硫酸铵 5～8 kg，于直播前施于播种穴、沟内，与土壤充分拌匀，然后浇水播种。

### 3. 发棵肥

莲座期生长的莲座叶是将来在结球期大量制造光合产物的器官，充分施肥浇水是保证莲座叶强壮生长的关键，但同时还要注意防止莲座叶徒长而导致延心结球。“发棵肥”应在田间有少数植株开始团棵时施入，一般每亩用硝酸铵 10～15 kg，磷、钾肥各 7～10 kg。应在植株边沿开 8～10 cm 的小沟内施入肥料并盖严土。

### 4. 结球肥

结球期是形成产品的时期，同化作用最强盛，因此，需肥水量大。在包心前 5～6 天施用结球肥，用大量肥效持久的完全肥料，特别是要增加施钾肥。一般一亩施硝铵 20 kg，过磷酸钙及硫酸钾肥各 10～15 kg。为使养分持久，最好将化肥与腐熟的厩肥混合，在行间开 8～10 cm深沟条施为宜。这次追肥有充实叶球内部、促进“灌水”的作用，因此又称“灌心肥”。

# 第四节　萝卜施肥技术

## 一、萝卜需肥特点

从萝卜对氮、磷、钾“三要素”的吸收量来看，在幼苗期，植株小，吸收量也少，吸收氮最多，钾次之，磷最少。当进入莲座期后，吸收量明显增加，根系吸收氮磷的量比前一期增加3倍，吸收的钾比前期增加了6倍，吸收肥料钾最多。萝卜生长的中后期，肉质根的生长量为肉质根总质量的80%，氮、磷、钾的吸收量也为总吸收量的80%以上。这时氮的吸收速度稍为迟缓，叶片中的含氮量一直高于根中的含氮量。而钾的吸收量继续显著增长，主要积蓄于根中，一直持续到收获之时。在此段时间吸收的无机营养有3/4都是用于肉质根的生长。

### 萝卜对环境的要求

1. 温度

萝卜为半耐寒性蔬菜，生长适温为5～25 ℃，肉质根膨大最适温度为20 ℃。

2. 光照

萝卜在营养生长阶段对日照长短敏感，但长日照地上部长势好，短日照地下部长势好，生殖生长时期长日照促进发育。萝卜要求较强的光照，光照弱会导致低产劣质。

3. 水分

土壤水分是影响萝卜产量和品质的重要外界因素。适于肉质根生长的土壤有效含水量为65%～80%。

4. 土壤

萝卜适于在富含有机质、排水好、土层深厚的沙壤土生长。对土壤酸碱度的适应范围较宽，大中型的秋冬萝卜以pH值5.3～7为宜，四季萝卜pH值5～8的范围内都可正常生长。

## 二、萝卜施肥技术

### 1. 基肥

施足基肥是萝卜丰产的主要措施。基肥的种类与用量常因土壤与品种不同而异。在长江流域多用人粪尿做基肥。但单纯使用人粪尿易使萝卜徒长，肉质根味淡，所以除施用人粪尿外，还应与腐熟的厩肥、堆肥及磷钾肥料配合施用。在萝卜播种前，穴施磷肥，每667 $m^2$

用过磷酸钙 10 kg，可明显增产。基肥每亩可撒施腐熟的厩肥 2 500～3 500 kg，或者商品有机肥 350～400 kg、尿素 5～6 kg、磷酸二铵 13～17 kg、硫酸钾 5～7 kg，耕入土中。

**萝卜的生育周期**

萝卜的生长分为营养生长和生殖生长两个阶段。第一年是营养生长期，分为发芽期、幼苗期、叶片生长盛期和肉质根生长盛期。第二年是生殖生长期，通过抽薹、开花、结实完成生殖生长。

2. 追肥

萝卜施肥以基肥为主，追肥为辅。生长期短的可适当减少追肥，而生长期长的则要分期追肥。但追肥应以肉质根的膨大为中心，掌握合适的时间，分期、分量追肥是获得优质高产的关键。在追肥量上，掌握先轻、后重、再轻的原则。第一次追肥在幼苗生长出 2 片真叶时，追施少量化肥，每亩用 11～13 kg 尿素、8～9 kg 硫酸钾。第二次追肥在大破肚时进行，每亩用尿素 10～15 kg，硫酸钾 14 kg。对中小型萝卜 2 次追肥后，萝卜肉质根迅速膨大，可不再追肥。大型的秋冬萝卜生长期长，在生长中后期，可以用 0.3%的硝酸钙和 0.2%的硼砂叶面喷施 2～3 次，可同时叶面喷 0.2%磷酸二氢钾以提高萝卜的产量和品质。

### 三、萝卜施肥标准

每生产 1 000 kg 萝卜，需氮 2.1～3.1 kg、五氧化二磷 0.8～1.9 kg、氧化钾 3.8～5.6 kg，其比例为 1∶0.5∶1.8。

## 第五节　南瓜施肥技术

### 一、南瓜的需肥特点

南瓜生长时期不同，对养分的吸收量也不同。在整个生育期中，南瓜对养分的吸收量以钾和氮最多，其次为钙，镁和磷的吸收量最少。

幼苗期的南瓜生长量很小，需肥量也较少，进入果实膨大期对氮的吸收量急剧增加，钾与氮的吸收规律基本一致，而磷的吸收量增加较少。

### 南瓜对环境的要求

1. 温度

南瓜的种子在温度 15 ℃以上开始发芽，适宜的发芽温度为 20～25 ℃，植株生长的适宜温度为 25～30 ℃。

2. 光照

南瓜喜爱强光照，当光照强度上升 1 倍时，南瓜茎蔓的日生长量上升 15 倍以上。同时，开花结果期提早 7～10 天。南瓜属于短日照植物，每天少于 8 h 的短日照，有利于南瓜雌花的分化和形成。相反，长日照有利于南瓜雄花的分化和形成。

3. 水分

南瓜具有比较强大的根系，所以抗旱能力较强，但由于植株叶片面积大而数量多，蒸腾作用较强，消耗的水分较多，只有保证充足的水分供应才能获得高产。

4. 土壤

南瓜的根系发达，对土壤条件的要求不高，耐盐碱能力很强，一般应选择耕层深厚、土壤肥力较高、通透性较好的沙壤地。

## 二、南瓜施肥技术

### 1. 基肥

以有机肥为主，配合氮、磷、钾复合肥。常用的基肥有厩肥、堆肥或绿肥等，用量较大，一般占总施肥量的 1/3～1/2，每亩施有机肥 3 000～4 000 kg。磷、钾肥全部或大部分作为基肥，并与有机肥混合一起施入土层中，在有机肥不足的情况下，每亩补施氮、磷、钾复合肥 15～20 kg。基肥有撒施和集中施用两种方法。撒施时一般是结合深耕进行，均匀撒施有机肥或复合肥以后，反复耙 2 次，使肥料与土壤均匀混合。在肥料较少时，一般采用开沟集中条施，将肥料施在播种行内。

### 2. 追肥

追肥以速效性氮肥为主，配合施用磷肥和钾肥。追肥量一般占总施肥量的 1/2～2/3。追肥时要根据南瓜不同生育期所需氮、磷、钾量的不同而分批进行。苗期追肥以氮肥为主，目的是促进秧苗发棵。一般每亩施尿素 5～8 kg。结果期不仅需供应充足的氮肥，同时还需要磷、钾肥的及时补充，以保证果实充分膨大。一般在坐果以后，每亩施尿素 10～15 kg，硫酸钾 5～10 kg，共追施 1～2 次。在追肥时应注意位置，苗期追肥应靠近植株基部施用，进入结果期，追肥位置应逐渐向畦的两侧移动，一般进行条施。在石灰性土壤上，氮肥应遵守深施覆土的施肥原则，特别是碳酸氢铵，一定要深施约 6 cm 以上覆土，以免肥料挥发，降低肥效。硫酸铵、尿素等化学稳定的氮肥，可采用撒施结合灌水进行追肥。在南瓜生长的中、后期，根系吸收养分的能力减弱，为保证南瓜生长发育的需要，可利用根外追肥方式来补充养分。喷施的肥料可用0.2%～0.3%的尿素，0.5%～1%的氯化肥，0.2%～0.3%的磷酸二氢钾，一般每7～10天喷施1次，几种肥料可交替施用，连喷2～3次。

同时，由于南瓜根系强大，具有较强的吸水力和抗旱力。而且南瓜叶片大而多，蒸腾作用旺盛，所以必须适时灌溉，才能获得高产。

### 瓜果类蔬菜的生育周期

瓜果类蔬菜的生长期可分为：发芽期、幼苗期、开花期和结瓜期。是典型的营养生长和生殖生长并进的作物。

## 三、南瓜落花落果的原因及防治

### 1. 南瓜落花落果的原因

(1) 南瓜开花早，温度低，雌花发育不良，花粉管生长缓慢，授精不良。

(2) 南瓜是雌、雄同株异花授粉植物，开花时如遇阴雨连绵，昆虫活动受阻，人工无法授粉，导致授粉不成。

(3) 有些早熟品种，雌花先开，无雄花授粉，即雌、雄花期不遇。

(4) 氮肥及雨水过多，造成贪青徒长，茎、叶与主、侧蔓均比果实生长旺盛，开花结果期养分不足，导致落花落果。

(5) 第一果采收不及时，引起第二果脱落，这主要是指食用南瓜。

(6) 保苗株数过密不利于透风透光。

### 2. 防止落花落果的措施

(1) 调节营养生长与生殖生长的关系。营养生长过旺，当主蔓伸长至12节后，仍无雌花着生，此时要通过削弱顶端优势，促其营养生长向生殖生长转化。其方法有：

1) 换头：主蔓不结果时，可在主蔓向前数最低部位生有子蔓的叶节前剪掉主蔓，该子蔓靠根越近越好，改主蔓结瓜为子蔓结瓜。

2) 圈：把主蔓先端圈成圈，并用绳绑起。

3) 拿：适当扭伤主蔓先端部位，使维管囊输导受挫。

4) 断部分根：可进行一次较深的中耕，断一部分根。

(2) 因雌花过多引起的落花落果，可疏掉一部分花和果。

(3) 人工辅助授粉。早晨8～10时最合适，此时花粉已成熟，摘下健壮雄花，去掉花瓣，将花药轻轻地向雌花柱头上涂抹，此时柱头上分泌黏液，将雄花花粉粘住。一朵雄花可连续授2～3朵雌花。授粉后用叶片或花冠罩上防止雨水把花粉冲掉，有条件的地方在南瓜开花季节放蜜蜂传粉。

（4）合理密植。早熟品种易密植，晚熟品种易稀植，利于通风透光，提高坐果率，同时还可以防治疫病发生。

## 第六节　大葱施肥技术

### 一、大葱需肥特点

大葱比较喜肥，但吸收能力较弱，要求有较高的土壤肥力。生长期间要及时追肥，并以氮肥为主，配合施用磷、钾肥，以提高主量，改进品质。

#### 大葱对环境的要求

1. 温度

大葱生长的温度范围为 7～35 ℃，19～25 ℃全株重量增长最快。

2. 光照

大葱对光照要求不严格，只要植株在低温条件下通过春化，不论长日照或短日照都可抽薹开花。

3. 水分

大葱对水分要求是耐旱不耐涝，葱叶保水力强，水分消耗少。

4. 土壤

大葱对土壤适应性广，但以土层深厚、排水良好、富含有机质的壤土为最好。适宜的土壤酸碱度为 pH 值 7.0～7.4。

#### 1. 大葱不同生育时期对营养元素的吸收特点

大葱不同生育时期，由于生长量不同，需肥吸肥量也不相同。营养生长时期可分为：发芽出土期、幼苗期、植株生长盛期和葱白形成期。

大葱从种子萌发到长出第一片真叶为发芽出土期。这一时期主要由种子中的胚乳供给营养，但到末期及时供给外界营养，有利于从发芽向幼苗期过渡。

大葱从第一片真叶长到定植为幼苗期。北方秋播大葱幼苗期长达 8～10 个月。越冬期的幼苗，因气温较低，生长量小，需肥量也较少，在苗床施足基肥的情况下，一般不需再施肥。多施肥反而造成幼苗过大，而发生先期抽薹现象，或使幼苗徒长而降低越冬能力，不利于培育冬前壮苗。在越冬期，大葱处于休眠状态，生长极为微弱，一般不需要营养。

大葱从返青到幼苗期结束，为幼苗生长盛期。此期长达80～100天，是培育壮苗的关键时期。

大葱定植后，原有的须根不再继续生长，并很快腐朽，4～5天后开始萌发新根，心叶开始生长，幼苗处在恢复阶段。在夏季高温条件下，缓苗较慢，生长迟缓，株重、株高有减无增，需肥、吸肥量少。进入秋天后，天气逐渐凉爽，昼夜温差加大，植株生长速度加快，葱白开始加长生长，并先伸长后加粗。此期是大葱需肥吸肥最多的时期，是施肥的关键时期，也是培土软化形成冬葱产量的季节，葱白产量几乎占植株生长量的40%。随着天气温度的下降，遇霜后，植株生长即停止，叶和根系逐渐衰老，吸肥量迅速下降，产品器官形成，直到收获前，大葱主要靠叶身供应养分。

### 大葱的茎

大葱的茎为假茎，是由多层叶鞘相互抱合而成。中间为生长锥，葱叶从生长锥的两侧、按互生的顺序相继发生。葱叶的分化有一定的顺序性，内叶的分化和生长均以外叶为基础，并从相邻外叶的出叶孔穿出叶鞘，每个叶鞘都是背厚腹薄，形成筒状，类似茎但不是茎，故称假茎，也叫葱白。

### 2. 大葱对主要营养元素的吸收

与其他蔬菜一样，大葱对氮素的反应很敏感，施用氮肥有明显的增产效果。大葱生长盛期吸收氮的量要高于钾（1∶0.9），而进入叶鞘充实期，对钾的吸收量要比氮高（1∶1.2）。每亩生产1 000 kg大葱，需吸收氮2.7～3.0 kg，磷0.5～1.2 kg，钾为3.3～4.0 kg。N∶P∶K=1∶0.4∶1.3。从氮磷钾的吸收动态看，8月中旬，气候冷凉后，正是大葱植株和葱白生长旺盛时期，是需肥、吸肥的高峰期。所以氮肥要在8月中旬开始追施，9月份重施。大葱对磷的要求以幼苗期最敏感，苗期缺磷时会严重影响大葱的最终产量。如果苗期磷供应充足，即使定植后磷素不足，在后期采取追肥措施，仍可取得较高的产量。大葱对钾的吸收，在8月中旬前吸收量不多，9月中旬以后急剧增加。因此在葱白形成期应加强钾肥的施用。除氮、磷、钾外，钙、镁、硼和锰，对大葱的生长也有一定的影响。在“三要素”满足供应的情况下，增施钙、锰和硼的效果最为显著，表现为葱白长而粗，产量高。

## 二、施肥技术

### 1. 大葱育苗期的施肥技术

培育壮苗是大葱育苗期的主要任务。育苗地要选用地势平坦、土壤肥力高、灌排方便、耕作层深厚的土壤。一般有腐熟的圈肥作为基肥，每亩施肥2 000～3 000 kg，并配施过磷酸钙40～60 kg。要在整地前将肥料撒施在地表面，然后浅耕细耙，使有机肥与土壤充分混合均匀，再整平地面。播种时每亩可撒施5 kg尿素或12 kg复合肥做种肥，并锄匀搂平，使种肥与土壤混合均匀，以免烧伤种子。但苗床土不宜施肥过多，否则冬前苗过大，越冬期间易感应低温，越冬后花芽分化，发生先期抽薹现象，影响产量。

大葱秧苗越冬前，生长量小，吸肥量少，在苗床施足基肥的情况下，应控制肥水，防止秧苗过大或徒长，一般不再施肥浇水。

第二年葱苗返青后，幼苗的生长量逐渐增大，对肥水的需要量也不断增加，是培育壮苗的关键时期。这个时候可结合浇返青水，追施返青肥，一般每亩追施硫酸铵 10 kg 左右，以促进幼苗生长。在幼苗旺盛生长前期和中期可各追施一次速效氮肥，每次每亩追硫酸铵 5～10 kg，或尿素 3～5 kg，以促进幼苗健壮生长。但在定植前，要注意控制肥水，防止葱苗发嫩，定植后成活率降低。

**大葱的叶**

大葱的叶由叶身和叶鞘两部分组成。叶身生长初期幼嫩充实，中空不明显，伸出叶鞘后，叶身呈管状中空，故称管状叶。

**2. 定植后的施肥技术**

（1）基肥。定植地选择好后要施足基肥，施肥方法视肥料用量而定。数量多时可全面撒施，少时宜施在定植沟底层，以腐熟或半腐熟有机肥为主。一般每亩菜田施质量好的腐熟厩肥 5 000～8 000 kg。化肥施用尿素 40～55 kg、过磷酸钙 50～65 kg，氯化钾 35～50 kg（纯氮 20～25 kg，纯磷 6～8 kg，纯钾 20～30 kg）。

（2）追肥。大葱移栽后 2～3 天就开始萌发新根，原有的须根大都烂掉，8～10 天后心叶见绿，管状叶逐渐展开，但根和叶的生理较弱，生长迟缓，营养吸收很少，可利用基肥的营养促进缓苗和根系发育，一般不需过多地施用肥水。立秋以后，气温逐渐下降，根系已基本恢复，进入发叶盛期，对肥水的需要量迅速增加，要追施“攻叶肥”，一般每亩施 10～15 kg尿素。要施在垄背上，施肥后要中耕，使肥、土混合均匀。

15 天后（处暑）进行第二次追肥，每亩施尿素 5.5～6.5 kg，氯化钾 4～5 kg。施肥后结合深锄，进行培土，随即浇水。白露至秋分的时候进行第三次追肥，每次每亩追施尿素 10 kg、硫酸钾 12.5 kg 或者复合肥 25 kg，这个时候的追肥叫“发棵肥”，要施于行间沟内，跟葱根较近的部位。秋分到寒露是大葱植株旺盛生长时期，是产品形成前需肥的高峰期，要重施追肥，要高培土。一般每亩施尿素 15 kg，硫酸钾 12.5 kg 或者复合肥 25 kg。

总之，大葱追肥应该与中耕培土和浇水相结合，做到分期施、交替施、分层施和混合施，以氮肥为主，重视钾肥，兼顾磷肥。

## 第七节　马铃薯施肥技术

马铃薯的无性繁殖过程，从发芽开始顺序经过发芽期、幼苗期和发棵期三个生长期，继而进入结薯期和休眠期，而完成一个生育周期。

## 马铃薯对环境的要求

1. 温度

马铃薯在 4 ℃下即可发芽，13 ℃时芽生长最快。茎叶生长的最适温度为 21 ℃；块茎形成期的最适温度，白天为 14～24 ℃，夜间为 12～17 ℃。

2. 光照

短日照和强光照有利于马铃薯块茎的膨大，温度过高形成的块茎小。

3. 水分

幼苗期土壤水分保持在田间最大持水量的 50%～60%，有利于根系向土壤深层发展，以及茎叶的健康生长提早结薯。发棵期为促进茎叶迅速生长，前期土壤水分应保持在田间最大持水量的 75%～80%；后期逐渐降至 60%，适当控制茎叶生长，以利薯块膨大。

4. 土壤

马铃薯宜选用排水好、耕层深、有机质含量高、肥沃而疏松的沙壤或壤土中种植。土壤酸碱度以 pH 值 5.0～6.5 较适宜。

## 一、马铃薯需肥特点

### 1. 马铃薯需肥特点

每生产 1 000 kg 马铃薯块茎，需吸收氮 5.5 kg、磷 2.2 kg、钾 10.2 kg。N：P：K＝1：0.4：2。而且氮、钾的吸收量随施肥量的增加而增加，磷的量则稍有减少。

马铃薯一生需钙量约为需钾量的 1/4，同时还需要镁、硫、铁、硼、锌等。

### 2. 马铃薯对氮、磷、钾的吸收特点

马铃薯吸氮最快是在块茎形成期，平均每日每株 45 mg，每日每公顷 2.03 kg，是苗期的 2.5 倍，淀粉累积期的 5 倍。其次是块茎增长期。

吸磷最快也是在块茎形成期，平均每日每株 7.5 mg，每日每公顷 0.34 kg，是苗期的 2.80 倍，淀粉累积期的 2.9 倍。

吸钾最快是马铃薯的块茎增长期，平均每日每株 45 mg，每日每公顷 2.43 kg，是苗期的 6 倍，淀粉累积期的 5 倍。其次是块茎形成期。

### 3. 各种营养元素的作用

氮使马铃薯的茎、叶生长繁茂，叶色浓绿，光合作用旺盛，增加有机物质积累，蛋白质含量提高。若氮肥过多，特别是在马铃薯的生长后期施用过多，就会造成植株徒长，组织柔

嫩，推迟块茎成熟，产量降低。

磷促进马铃薯植株生育健壮，提高块茎品质和耐储性，增加淀粉含量和产量。若磷不足则会造成植株矮小和叶片细小，光合作用减弱，产量降低，薯块易发生空心、锈斑、硬化、不易煮烂，影响食用品质。

**注意：**马铃薯不能用含氯的氯化铵、氯化钾和复合肥、复混肥。

钾能增进马铃薯植株抗病和耐寒能力，加速养分转运，使块茎中淀粉和维生素含量增多。钾若不足则生长受抑制，地上部分矮化，节间变短，株丛密集，叶小呈暗绿色渐转变为古铜色，叶缘变褐枯死，薯块多呈长形或纺锤形，食用部分呈灰黑色。

硼有利于薯块肥大，也能防止龟裂。对提高植株净光合生产率有特殊作用。铜能提高蛋白质含量，增加植株呼吸作用。增加叶绿素含量，延缓叶片衰老和增强抗旱能力都有良好作用。同时也有提高植株净光合生产率的作用。

马铃薯在生育期吸收钾肥最多，氮肥次之，磷肥最少。氮素是从萌芽后到花蕾着生期前后含量最多。磷的含量随着植株生长期的延长而降低。钾的含量在萌芽时低，萌芽后迅速增加，在开花期后反而下降。镁和钙都有随生长期延长而增高的趋势。茎叶中的养分在块茎开始膨大时向其中运转。块茎中无机成分氮和钾占其全吸收量的 70%，磷占 90%，钙占 10%，镁占 50%左右。

## 二、马铃薯施肥技术

### 1. 重施基肥

以腐熟的农家肥为主，增施一定量化肥，具体施肥量为：在每亩产 1 500 kg 左右的地块，施有机肥 1 500～2 500 kg，尿素 20 kg，过磷酸钙 20～30 kg、钾肥 10～12 kg。在不施有机肥条件下旱作时，施氮量一般为每公顷 60 kg。如果现蕾期能浇一次水，施氮量则提高到 90 kg，浇水前开穴深施。对甜菜、高粱之后种植的马铃薯应适当增加氮肥用量到每公顷 105 kg；密度增大或配施磷肥时，氮肥用量应增加到每公顷 135 kg。总之，马铃薯的氮肥是根据条件每公顷施用 60～135 kg，在马铃薯开花之前施下。将化肥施在离薯块 2～3 cm 处，避免与种薯直接接触，施肥后覆土。也可以将化肥与有机肥混用，以提高化肥利用率。

### 马铃薯的生育周期

（1）发芽期：从块茎上的芽开始萌发到幼苗出土是马铃薯的发芽期。

（2）幼苗期：从幼苗出土到现蕾一般为 20～25 天。

（3）马铃薯器官形成期：又可分为三个时期。块茎形成期：从现蕾到开花为块茎形成期，块茎的数目也是在这个时期确定。块茎形成盛期：从开花始期到开花末期，是块茎体积和重量快速增长的时期，这时光合作用非常旺盛，对水分和养分的要求也是一生中最多的时期，一般在花后15天左右，块茎膨大速度最快，大约有一半的产量是在此期完成的。块茎形成末期：当开花结实结束时，茎叶生长缓慢乃至停止，下部叶片开始枯黄，即标志着块茎进入形成末期。

（4）休眠期：休眠期的长短因品种而异，休眠期长的可达3个月以上，休眠期短的约1～2个月。

**2. 种肥**

在播种薯块时施用，用过磷酸钙或配施少量氮肥做种肥。但要注意，氮、磷肥不能直接接触种薯。许多地区有用种薯蘸草木灰播种的习惯，草木灰除起防病作用外，兼起种肥作用。

**3. 及早追肥**

幼苗期（齐苗后）追施氮肥，结合中耕培土每亩用尿素5～8 kg兑水浇施。马铃薯开花后一般不进行根际追肥，特别是不能在根际追施氮肥。否则追肥不当造成茎叶徒长，阻碍块茎的形成，延迟发育，易产生小薯和畸形薯，干物质含量降低，易感染晚疫病和疮痂病。

马铃薯开花后主要以叶面喷施方式追施磷钾肥。每隔8～15天叶面喷施0.3%～9.5%磷酸二氢钾溶液50kg每亩。连续2～3次，若出现缺氮现象，可增加100～150 g尿素喷施。通过根外追肥可明显提高块茎的产量，增加块茎的品质和耐储性。

## 三、马铃薯施肥标准

每生产1 000 kg马铃薯，需氮4.4～5.5 kg、五氧化二磷1.8～2.2 kg、氧化钾7.9～10.2 kg，三者比例为1∶0.4∶2。

# 第八节　茄子施肥技术

茄子为一年生草本植物，在热带为多年生灌木。茄子根系发达，成株根系深达1.5 m以上，根系横向直径超过1 m。茄子根系的再生能力较差，木质化较早，不宜多次移植。

### 茄子对环境的要求

1. 温度

茄子喜温暖不耐冷，生育期间是适温度为20～30 ℃，白天最好在25～28 ℃，夜间16～20 ℃。温度低于17 ℃时生长缓慢，低于7～8 ℃会发生冷害。

2. 光照

茄子对光照的要求较高，光照强度和光照时间的长短都会对茄子的生长发育产生影响。

3. 水分

茄子枝叶繁茂，叶片大，开花、结果数量多，对水分需求量较大，耐旱性较弱。一般空气湿度 70%～80%为宜，土壤含水量 14%～18%为宜。

4. 土壤

茄子对土质适应性较强，一般性质的土壤都可以正常生长发育。生产上可选择排水良好，土层深厚，富含有机质，保肥保水能力强的土壤。

## 一、茄子的需肥特点

茄子是喜肥作物，土壤状况和施肥水平对茄子的坐果率影响较大。在营养条件好时，落花少，营养不良会使短柱花增加，花器发育不良，不宜坐果。此外营养状况还影响开花的位置，营养充足时，开花部位的枝条可展开 4～5 片叶；营养不良时，展开的叶片很少，落花增多。

茄子对氮、磷、钾的吸收量，随着生育期的延长而增加。苗期氮、磷、钾三要素的吸收仅为其总量的 0.05%、0.07%、0.09%。开花初期吸收量逐渐增加，到盛果期至末果期养分的吸收量约占全期的 90%以上，其中盛果期占 2/3 左右。各生育期对养分的要求不同，生育初期的肥料主要是促进植株的营养生长，随着生育期的进展，养分向花和果实的输送量增加。在盛花期，氮和钾的吸收量显著增加，这个时期如果氮素不足，花发育不良，短柱花增多，产量降低。

茄子生长的营养特点：茄子以采收嫩果为食，氮对产量的影响特别明显。氮充足可以使茎、叶粗大，发育旺盛，形成较多发育良好的花芽，结实率也高。若氮不足，植株矮小，发育不良。从定植到采收结束均需供应氮肥，特别是在生育盛期需要量大。定植前后耐高浓度氮肥的能力比番茄强，不太容易因徒长而落花。

磷对茄子花芽分化发育有很大影响，如磷不足，则花芽发育迟缓或不发育，或形成不能结实的花。苗期施磷多，可促进发根和定植后的成活，有利于植株生长和提高产量。进入果实膨大期和生育盛期，“三要素”吸收量增多，但对磷的吸收量较少。施磷过多易使果皮硬化，影响品质。

### 门茄、对茄、四门斗、八面风 、满天星

茄子主茎上的果实称“门茄”，一级侧枝的果实称为“对茄”，二级侧枝的果实称为“四门斗”，三级侧枝的果实称为“八面风”，以后侧枝的果实称为“满天星”。

钾对茄子花芽的发育虽不密切，但如果茄子缺钾或少钾，也会延迟花的形成。在茄子生育周期以前，吸收量与氮相似，至果实采收盛期，吸收量明显增多。有关研究人员以沙培法进行缺钾实验，表明不论茄子何时缺钾都会影响产量。所以不要在生育期间中断供给钾肥。

茄子叶片主脉附近容易退绿变黄，这是缺镁的症状。一到采果期，镁吸收量增加，这时如镁不足，常发生落叶而影响产量。土壤过湿或氮、钾、钙过多，会诱发茄子出现缺镁症。

茄子的果实或叶片网状叶脉褐变产生铁绣状的原因，是缺钙或肥料过多引起的锰过剩症，或者是亚硝酸气体引起的危害，这些多会影响同化作用而降低产量。茄子对钙的反应不如番茄敏感。

生产 1 000 kg 茄子需纯氮 3.2 kg，五氧化二磷 0.94 kg，氧化钾 4.5 kg。亩产茄子 4 000～5 000 kg，需纯氮 12.8～16 kg，五氧化二磷 3.8～4.7 kg，氧化钾 18～22.5 kg。

## 二、茄子施肥技术

### 1. 育苗肥

茄子苗期对营养土质量的要求较高，只有在质量高的营养土上才能培养出节间短、茎粗壮和根系发达的壮苗。一般要求在 11 $m^2$ 的育苗床上，施入腐熟过筛有机肥 200 kg，过磷酸钙 5 kg，硫酸钾 1.5 kg，将床土与有机肥和化肥混匀。如果用营养土育苗，可在菜园土中等量地加入由 4/5 腐熟马粪与 1/5 腐熟人粪干混合而成的有机肥。如果遇到低温或土壤供肥不足，可喷施 0.3%～0.5%的尿素水溶液。

### 茄子畸形果产生的原因

1. 用激素处理花朵时间把握不准而形成僵果。激素处理花朵最佳时间只有 3 天，即开花的当天和开放前 2 天，提前处理易形成僵茄。

2. 激素浓度过大易形成畸形果。激素处理花朵时浓度一般要求为 0.003%，但应灵活处理，气温高时稍低。气温低时稍高。

3. 比较弱的植株所开的花瘦小，花梗细，即使用激素处理，也会形成僵果。

4. 营养生长过旺的徒长株所开的花，即使用激素处理也会形成畸形果。

5. 在高温条件下用激素处理花朵易形成畸形果。温度超过 30 ℃应停止处理花朵，对当天开放的花在上午 30 ℃以下时处理完毕，对未开放的变紫花朵，上午 10 点前处理不完的可下午 4 点后再处理。

为了有效地防治猝倒病，可覆盖药土。药土是用 50%的多菌灵或托布津 8～10 g，与 12 kg营养上混合而成。药土可以在幼苗出土前一次性撒在床面上，也可在播种前用 2/3 撒在床面上，播种时用 1/3 撒在种子上。有时药土对幼苗根系生长有抑制作用，一旦出现抑制作用，大量多次浇水可以缓解。

### 2. 基肥

茄子容易感染黄萎病，栽培茄子的保护地应避重茬。如果隔茬时间较短，一定要进行保护地消毒。按保护地内空间计算，每立方米用硫黄 4.0 g、80%敌敌畏 0.1 g、锯末 8.0 g 混合均匀后点燃，封闭 24 h 后再放风。消毒后的保护地按每亩 5 000～6 000 kg 腐熟的有机肥，再加 25～35 kg的过磷酸钙和 15～20 kg 硫酸钾，均匀地撒在土壤表面，并结合翻地均匀地耙入耕层土壤。

### 3. 追肥

茄子定植前亩施有机肥 5 000 kg，磷肥 25～35 kg。缓苗后，结合浇水每亩施入尿素 3.5 kg，5～6 天再浇一次。第一次开化后幼果期结合浇水，每亩施尿素 10～15 kg。进入结果期后，每亩施 6.5 kg 尿素加 3 kg 硫酸钾，兑水浇根，10 天左右追一次，直到“四门斗”茄子收获完毕。结果期也可以用 0.2%～0.3%磷酸二氢钾或 0.2%～0.5%尿素叶喷 2～3 次。

## 第九节　黄瓜施肥技术

### 一、黄瓜需肥特点

黄瓜生长快、结果多、喜肥。但根系分布浅，吸肥能力弱，特别不能忍耐含高浓度铵态氮的土壤溶液，故对肥料种类和数量要求都较严格。每生产 1 000 kg 黄瓜，需从土壤中吸取氮 2～4 kg，磷 0.3～0.9 kg，钾 3.3～5.5 kg。黄瓜全生育期需钾最多，其次是氮，再次是磷。

氮对黄瓜产量的影响最为明显。分期施氮比一次性施氮更有利于增加雌花数量；磷对花芽有重要作用，大量分期施磷有利于雌花的产量；钾可改善氮的利用率，增加对磷的吸收，促进碳水化合物的合成和转移，也能促进花芽分化。

黄瓜播种后 20～40 h，磷素的作用格外显著，此时绝不能忽视磷的供应。黄瓜所需氮、磷、钾的各元素总量的一半以上是在结瓜盛期吸收的，而且产量越高需肥量越大。

黄瓜定植后 30 天内吸氮量呈直线上升，到生长中期吸氮最多。进入生殖生长期，对磷的需求剧增，而对氮的需求略减。黄瓜全生育期都吸钾。黄瓜果实靠近果梗，果肩部分易出现苦味，产生苦味的物质是葫芦素，产生原因极复杂。从培育角度看，氮素过多、低温、光照和水分不足，以及植株生长衰弱等都容易产生苦味，因此黄瓜坐果期既要满足供给氮素营养，又要注意控制土壤溶液氮素营养浓度。

#### 黄瓜对环境的要求

1. 温度

黄瓜生长发育适温为 15～30 ℃，最适温为 25～30 ℃。耐寒性差，10℃以下生长缓慢，5 ℃以下有受冻害的可能，0 ℃以下植株会冻死。35 ℃以上植株生长不良，38 ℃以上时，黄瓜根系停止生长。

2. 光照

黄瓜有一定的耐阴性，光照降到只有自然光的 1/2 时，对光合产量没有多大影响。

3. 水分

黄瓜根系浅，叶片大，耗水量大，所以黄瓜喜湿，但又怕涝。适宜的空气相对湿度为70%～90%，土壤湿度为 85%～95%。

4. 土壤

黄瓜根系浅，应选择富含有机质、透气性好的腐殖质壤土栽培。土壤应为弱酸性到弱碱性。

## 二、黄瓜施肥技术

### 1. 苗期施肥

苗床营养土配制：未种过瓜的菜园土 6 份、腐熟厩肥 3 份、草木灰 1 份，加入占总量 2%的过磷酸钙，充分混匀即可。如发现苗期缺肥，可用 0.5%尿素和 0.2%的磷酸二氢钾喷施。

### 2. 施足基肥

基肥是黄瓜生长发育的重要养分来源，一般亩施腐熟有机肥 4 000～5 000 kg、过磷酸钙 20～30 kg，有利于缓苗。

### 3. 巧施坐果肥

黄瓜为无限花序，结果期较长，要求每结一次果后需要补以水、肥。追肥应掌握轻施、勤施的原则，一般每隔 7～10 天追一次肥，每次每亩用尿素 10～15 kg，并配以腐熟的粪稀，全生育期共追肥 7～9 次。

### 4. 叶面追肥

结瓜盛期后，在地面追肥的同时，可用 1%尿素加 0.5%磷酸二氢钾叶面喷施。如缺其他微量元素，可同时喷施，有利于壮秧保果。

## 思　考　题

1. 简述蔬菜常规施肥技术。
2. 简述南瓜落花落果的原因及防治措施。
3. 简述萝卜需肥特点。
4. 简述马铃薯需肥特点。
5. 简述黄瓜需肥特点。
6. 简述大葱需肥特点。